Python 打包与发布

[美] 戴恩·希拉德(Dane Hillard)　著

郭　涛　　　　　　　　　译

清华大学出版社

北　京

北京市版权局著作权合同登记号　图字：01-2024-0878

Dane Hillard
Publishing Python Packages
EISBN: 978-1-61729-991-9
Original English language edition published by Manning Publications, USA © 2023 by
Manning Publications Co. Simplified Chinese-language edition copyright © 2025 by
Tsinghua University Press Limited. All rights reserved.

图书在版编目(CIP)数据

Python 打包与发布 / (美) 戴恩·希拉德(Dane Hillard) 著 ；郭涛译.
北京 ：清华大学出版社, 2025. 6. -- ISBN 978-7-302-69400-7

Ⅰ. TP312.8

中国国家版本馆 CIP 数据核字第 2025QC9129 号

责任编辑：王　军
封面设计：高娟妮
版式设计：思创景点
责任校对：成凤进
责任印制：刘海龙

出版发行：清华大学出版社
　　　　网　　址：https://www.tup.com.cn，https://www.wqxuetang.com
　　　　地　　址：北京清华大学学研大厦 A 座　　　　邮　　编：100084
　　　　社 总 机：010-8347000　　　　　　　　　　邮　　购：010-62786544
　　　　投稿与读者服务：010-62776969，c-service@tup.tsinghua.edu.cn
　　　　质 量 反 馈：010-62772015，zhiliang@tup.tsinghua.edu.cn
印 装 者：北京瑞禾彩色印刷有限公司
经　　销：全国新华书店
开　　本：148mm×210mm　　印　　张：9　　字　　数：251 千字
版　　次：2025 年 7 月第 1 版　　印　　次：2025 年 7 月第 1 次印刷
定　　价：69.80 元

产品编号：100098-01

译 者 序

"Talk is cheap, show me the code" (空谈无益,代码为证)。程序员始终追求优雅的代码和规范的注释。但现实往往令人失望,通常是好不容易在 GitHub 找到了源码,却发现没有注释、说明文档和接口文档,这让很多人望而却步。在安装他人发布的软件包时,也时常会遇到莫名其妙的报错,费尽周折也找不到解决之道,在项目 GitHub 主页上也找不到合适的解决方案。这是很多从业人员不得不面对的现实问题。

那么,在发布自己的软件包以及对应的技术文档时,是否有工具可用?文档撰写是否有一定的标准呢?严格来说,不同语言的软件包发布通常涉及多个工具,技术文档也缺乏强制标准。然而,行业内已形成共识,程序员应遵守一些基本的规范和约定。

本书是一本关于 Python 打包与发布的工具书,旨在手把手指导读者完成整个软件包的创建过程,包括维护测试套件、自动化代码质量、持续集成、编写与维护文档、构建社区和更新代码。一眼望去,整个流程漫长而又烦琐,你甚至还会在读完全书后感慨发布工具之多。的确,发布自己的软件包并构建技术社区,是一件任重道远但又极具价值的事。

要做好这件事,首先,要对技术抱有极大的热情,具有奉献精神;其次,要在自己发布软件包的相关领域持续跟进和集成;最后,甚至要成为一个兜售者,热情地为技术会议上的每个同行介绍自己的软件包。有些人甚至会牺牲陪伴家人的时间和休息时间来全身心投入这项工作。这也许就是极客(黑客)精神的写照,一群热爱技术的人为了自己的行业孜孜不倦、持续努力。其实,计算机领域不乏这样的人，如自由软件之父 Richard Stallman、Linux 之父 Linus Torvalds、算法大师 Donald E. Knuth，以及 C++发明者 Bjarne Stroustrup。

　　发布自己的软件包，就像孕育自己的孩子一样，从无到有，由小到大。从第一行代码到一个庞大的社区，需要付出满腔热忱。当然，有人可能会说，既然这么累，为什么还要自己发布软件包，用他人发布的不好吗？或者参与开源项目不好吗？当然可以，参与开源项目、开源活动是一件很棒的事。如果你能够把自己在某一领域的成果以一个软件包的形式发布出来供大家使用，那更是一件令人骄傲的事。这并不是鼓吹你发布自己的软件包。但是如果你做到了，那一定既酷又炫！

　　无论是学术界科研人员还是产业界工程师，当技术积累到一定程度时，都会有发布自己软件包的需求，也会有与志同道合的人共同建设社区的需求。从学术角度来看，许多研究往往止步于理论构建、实验设计、编码实现与发表高水平的学术论文。很多人在论文发表后，便会转而去探索新的领域，导致论文永远沉睡于海量文献库里，很多同行无法将其中绝妙的研究复现到实际应用中，只能日复一日地熬夜加班重复攻克同样的问题。如果能够将此类成果梳理成软件包发布出来，并配有完整的技术文档，那么很多看到论文的读者便可以基于技术文档对其进行复现，同时工程师也可以基于论文和软件包对其进行工程化、产品化，最终落地产生商业价值。如果工程师能解决自己遇到的工程难题和各种问题或者以一个性能更佳、效率更高的软件包发布出来，那么对于技术领域来说便是一件值得庆幸的事。

　　本书内容主要包括 4 部分。第 I 部分(第 1~3 章)介绍常见的打包工具，并对构建的文件进行详细的剖析；第 II 部分(第 4~6 章)讲解如何创建并测试可行的软件包；第III部分(第 7~9 章)讲述了 GitHub 持续发布，以及技术文档的编写与维护；第IV部分(第 10~11 章)介绍 cookiecutter 模板的使用和社区的构建。本书适合计算机科学家、企业工程师和对发布自己的 Python 软件包感兴趣的人员阅读。

在翻译本书的过程中，我得到了李静老师的帮助，非常感谢她对本书进行细致审校。此外，我还要感谢清华大学出版社的编辑、校对和排版人员，感谢他们为了保证本书质量所付出的努力。

由于本书涉及内容广泛、深刻，加上译者翻译水平有限，书中难免存有不足之处，恳请各位读者不吝指正。

推 荐 序

每个人的 Python 之旅都始于不同的起点。无论始于何处，我们都注定要逆流而上，体验别样的风景和聆听不同的声音。随着学习的深入，如同河道变窄，树木愈发茂密，你甚至会开始考虑如何向他人交付 Python 应用程序。在河流的源头，你会在一个隐蔽洞穴的入口处发现一些破碎的项目外壳。在它们坠入深渊之前，你会突然听到一个洪钟般的声音质问道："你最喜欢的打包工具是什么？"。

Python 提供了适合各类开发者的工具，可以在 Python 软件包索引(简称 PyPI，可访问链接 https://pypi.org)上找到。PyPI 在带来便捷的同时也引入了很多新挑战，因为你会开始关心安装、依赖项、环境以及与现实世界中使用软件相关的其他重要问题。这是创建和维护新开源软件包的核心，也是本书重点介绍和讨论的内容。

根据我的经验，大多数 Python 书籍都很少提及软件包的打包。很多书籍都乐于从软件组织的角度讨论模块和软件包，甚至可能会附赠一个基本软件包的简单框架。然而，制作生产级可下载软件包的实际过程往往被"留作练习"。因此，本书应运而生，旨在解决这一特定的问题。

尽管大多数 Python 用户可能并不倾向于发布公开软件包，但仍然经常需要向他人提供 Python 代码，而这样做往往会面临相当大的挑战。这在很大程度上是生态系统复杂性导致的。Python 软件包通常不仅仅涉及 Python 语言本身，还可能混合了 Python、C、C++、Fortran 和 Rust 等多种编程语言。软件包需要在任何类型的操作环境(如 Linux、Mac、Windows 或更新的 Web Assembly)中运行。此外，还需要考虑处理多个 Python 版本的兼容性问题、软件包的依赖性问题以及软件包管理工具不断变化的问题，这使得问题变得更加复杂。

在动手写这篇推荐序之前，我问了自己一个简单的问题——我能用这本书中的知识来更新自己的一些项目吗？我接触 Python 已 25 年多。在此期间，我只发布并维护了几个小软件包，而且一直都是兼职进行。老实说，我自己通常也在回避打包。这意味着，我最初是带着怀疑和保守的态度翻开此书的，对于软件包的"最佳实践"几乎毫无认知。

但令人欣喜的是，我从这本书中学到了很多。首先，这本书以完全现代的方式介绍了当前的打包工具。其次，它提供了大量与软件包开发有关的背景资料和问题，然后介绍了解决这些问题的实用方法。此外，我还学到了一些与我已经在使用的工具(如 pytest、coverage 等)相关的新技巧。最后，你甚至还能找到关于创建和管理项目社区的建议。

综上所述，这并不一定是一本"简单"的书。即使采用了现代化的处理方式，打包仍然没有放之四海而皆准的方法。你可能会发现自己可以尝试的不同方法，并以自己的方式阅读这本书。我认为，关键是要保持开放的心态，把这本书当作一本实用指南，切实地明白一切皆有可能。这样做，便会发现本书是一个有用的灵感来源。

——*Python Distilled* 作者，David Beazley(https://www.dabeaz.com)

自　　序

2014 年秋天，我开始在 ITHAKA 工作。那时，团队一直在不懈努力，力求摆脱一个专有内容管理系统的束缚，该系统的发布周期长达数月，因此很难进行项目的快速迭代更改。不过，这一努力获得了丰厚的回报，我们成功推出了一个新的交付平台，它与我们所追求的敏捷性能够完美契合。

前端团队选择使用 Django Web 框架，用于 JSTOR 平台(可访问链接 https://www.jstor.org)上面面向用户的全新开发，我的加入也与这一选择有关。该团队早期通过开发可独立安装的 Python 软件包支持该项目，事实证明这很有帮助，因为这些包在实现产品多样化的同时还保留了核心共享功能。围绕内容和访问模型的业务领域非常复杂，而这些软件包为它们设定了有用的界限，并赋予了可重用性。尽管这一概念的方向很明确，但仍然存在一些不足之处。

当时，我们没有运行私有软件包仓库，因此所有软件包都必须从我们的版本控制系统中安装。我们没有进行语义化版本管理，仅依赖 Git 的提交哈希值也无法深入了解或管理不同版本之间的变化。我们没有维护更新日志，而是依靠提交消息来管理更改。

在随后的几年里，我们在 Django 和 Python 上的投入逐渐累积到数千行代码，为 JSTOR 的大部分流量提供服务。我们的软件包越来越大，数量也越来越多，打包过程中的摩擦也日益显现。将软件包与应用程序代码混杂在一起，虽然带来了立即反映更改的便利，但导致版本选择能力退化，逐渐形成了"哪里最方便，代码就放在哪里"的惯性模式。

当核心基础架构小组开始为私有打包提供一流的支持时，这一范式发生了转变。看到这一新功能，并对我们的组织结构进行审视后，我开始思考如何利用持续集成和标准化来保持敏捷性，同时提高质量，并重新获得版本选择的能力。

apiron 项目(可访问链接 https://github.com/ithaka/apiron)是采用新打包方法的首次尝试，现已成为 ITHAKA 第一个积极开发的供第三方使用的开源项目。随着打包工作流程的优势日益明显，我们广泛采用了这一流程。如今，ITHAKA 的前端团队维护着 20 多个 Python 软件包，为同样数量的应用程序提供支持。

ITHAKA 的使命是改善知识的获取方式，我希望本书能为此贡献一份力量，在某些方面帮你拓宽眼界，在另一些方面帮助你实现梦想。虽然这本书注重实用性，但我更希望你能从中获得一些理论和哲学工具，帮助你和你的团队在自动化和可重复流程方面大幅提升工作效率。期待你的不同观点——这是一个向创作者持续迭代的集体知识提供反馈的机会。我希望你能从中受益，并提出不同意见和批评。

如有任何问题、成功故事或争议，请随时通过 pubpypack @danehillard.com 联系我。

作 者 简 介

Dane Hillard 现任 ITHAKA(一家致力于高等教育领域的非营利组织)的技术架构师。他经验丰富，曾为支持数百万用户的 JSTOR 研究平台构建应用架构。目前，他还对安全、松耦合系统和形式化方法感兴趣。

译者简介

郭涛，主要从事人工智能、智能计算、概率与统计学、现代软件工程等前沿交叉领域的研究工作。已出版多部译作，包括《深度强化学习图解》《机器学习图解》和《概率图模型原理与应用(第2版)》。

致　　谢

本书的完成过程充满了挑战，如果没有 Python 软件基金会和 Python 打包管理机构工作人员的全力支持，这本书是万万不可能完成的。感谢你们的努力，让 Python 打包领域的发展势头持续向上。我之所以能在这里汇聚知识和流程，全是因为我站在了巨人的肩膀之上。

我写第一本书时，有幸在一家高端家居用品店的后台拥有一间舒适的咖啡店作为写作场所。而本书则完全是在家中完成——大部分时候，我都是坐在搭档Stefanie 的桌子对面奋笔疾书。感谢你的冷静、善良以及各种诙谐打诨。如果我们能在我的拖延症和抱怨声中熬过疫情带来的幽居时光，也许有一天我们真的能一起征服全世界。

感谢 ITHAKA 团队对学习、改进和创新的持续热情。你们精益求精、臻于至善的追求驱使我不断向前。

本书差点就夭折了。感谢我的内容编辑 Toni Arritola 和策划编辑 Mike Stephens，是你们让我有了第二次尝试的机会。你们的鼓励和反馈确保了本书的顺利出版。

我要感谢技术编辑 Al Krinker，感谢你不断追问我的写作初衷。这无疑提高了作品的影响力和清晰度。

感谢 Marjan Bace 和 Manning 团队的其他成员，是你们让这本书焕发生机，并将它送到有需要的人手中。

非常感谢那些在本书出版初期就投入精力并提供反馈意见的勇士们。你们为我指明了方向，让我少走了许多弯路。

致所有为本书付出辛勤努力的审稿人：Aleksei Agarkov、Cage Slagel、Clifford Thurber、Daniel Holth、David Cabrero Souto、David

Cronkite、Delena Malan、Edgar Hassler、Emanuele Piccinelli、Eric Chiang、Ganesh Swaminathan、Håvard Wall、Howard Bandy、Jim Amrhein、Johnny Hopkins、Jose Apablaza、Joshua A. McAdams、Katia Patkin、Kevin Etienne、Kimberly L. Winston-Jackson、Larry Cai、Laxman Singh Tomar、Marc-Anthony Taylor、Mathijs Affourtit、Matthias Busch、Mike Baran、Miki Tebeka、Richard J. Tobias、Richard Meinsen、Robert Vanderwall、Salil Athalye、Sriram Macharla、Vasudevan Surendran、Vidhya Vinay、Vraj Mohan 和 Zoheb Ainapore，你们的建议让本书日臻完善。

　　最后，我要感谢对本书产生过直接、间接或其他积极影响的所有人。我无法一一列出所有人的名字，如有遗漏，纯属疏忽，还望海涵。感谢 Ee Durbin、Dustin Ingram、Brett Cannon、Paul Ganssle、Filipe Laíns、Bernát Gábor、Łukasz Langa、Sébastien Eustace、Thomas Kluyver、Donald Stufft、Simon Willison、Will McGugan、Dawn Wages、Reuven Lerner、David Beazley、Brett Slatkin、Tzu-Ping Chung、Henry Schreiner、Pradyun Gedam、Paul Moore、Tushar Sadhwani、Sandi Metz、Jason Coombs、Jeff Triplett、Carlton Gibson、Chris Kolosiwsky 和 Peter Ung。

关于封面插图

　　本书封面上的图摘自 Jacques Grasset de Saint-Sauveur 于 1797 年出版的作品集。每幅插图都是手工精细绘制和上色的。

　　在那个时代，仅从人们的衣着打扮就很容易辨别出他们的居住地、职业或社会地位。Manning 以几个世纪前丰富多彩的地区文化为基础，精选此类藏品中的精美图片作为图书封面，旨在颂扬计算机行业的创造性和主动性。

关 于 本 书

　　本书介绍了 Python 打包的几个特定方面，以及几乎适用于所有编程语言的若干核心概念，旨在提高团队和个人在软件交付方面的生产力。无论是 DevOps 团队、产品团队，还是站点可靠性团队，都能从中发现新的实践和工具来完善他们的工作。如果你希望尽可能多地实现 Python 项目生命周期的自动化、标准化和编排，本书将是你的不二之选。

本书读者对象

　　本书适合已经熟悉 Python 并希望与朋友、团队或全世界分享代码的读者阅读。虽然本书是专门为个人的管理(包括实践)而量身定制的，但其内容几乎可以扩展到任何规模的团队。协作是有效软件开发的关键，因此本书所介绍的实践倾向于消除烦琐枯燥的工作，让你可以专注于通过代码和技术文档进行有效的交流。

　　随着软件在科学界的不断发展，打包软件的价值也与日俱增。成功的开源项目在诸多里程碑式的事件中屡见不鲜，如登陆火星和黑洞成像。无论你是想追求创新，还是仅仅想确保实验室的负责人(PI)能够验证你用来生成结果的代码，可重复的过程都是至关重要的。

　　如果你以前没有使用过单元测试和 lint 等软件质量保障工具，本书将从基本概念入手，帮助你构建自动化质量体系，并帮助你将质量检查扩展为丰富的自动化套件。你可以把时间花在思考如何提前发现问题上，而不是疲于救火。

本书结构安排

本书共 11 章，分为 4 个部分。第 I 部分介绍打包任何类型软件的内在价值。第 II 部分引导你构建一个可正常运行的软件包，其中包含了软件包可能需要的各项功能。第III部分介绍高度协作项目的自动化和维护需求。第IV部分展示如何重复这一过程，并扩展用户和贡献者群体。

第 I 部分"基本概念"为 Python 打包奠定了基础，并通过涵盖以下方面，让用户在开始构建自己的软件包时拥有正确的心态。

- 第 1 章介绍了打包的起源，以及它在当今共享软件中仍然有价值的原因。通过这一章的学习可能会拓宽人们对软件包定义的理解，并发现软件包的目标受众非常广泛。

- 第 2 章介绍如何开始使用附录中的工具进行产品打包工作。

- 第 3 章展示 Python 软件包的基本含义，包括所涉及的文件和元数据，以及它们是如何在整个过程中流动的。

第 II 部分"创建可行的软件包"将把最小 Python 软件包扩展成一个具有实际行为的包，你可以在完成本书的学习后进一步扩展它。

- 第 4 章讲解如何将第三方依赖、命令行界面和非 Python 扩展整合到软件包中。

- 第 5 章介绍用于编排单元测试活动的单元测试工具，以确保软件行为的质量。

- 第 6 章在质量的基础上更进一步，纳入了对常见错误、类型安全和代码格式一致性的检查。

第III部分"让软件包走进公众视野"推荐了一些可以在任何地方采用的实践，这些实践对于与他人协作尤其有用。

第 7 章展示自动化和持续集成原则的力量，帮助你思考如何为贡献者创建严谨的反馈回路。

- 第 8 章介绍文档的重要性，并展示如何集成一个涵盖代码和文档说明的自动化文档构建系统。

● 第 9 章介绍了如何以最小的代价定期更新 Python 软件包，从而避免积累技术债务。

第Ⅳ部分"路漫漫其修远兮"回答了在掌握新技能后，下一步该怎么走的问题。

● 第 10 章旨在将在前几章中学到的实践转换为可复用的项目模板，以便在未来的项目中使用。

● 第 11 章旨在分享一些实践方法，帮助你在项目中构建一个由用户、贡献者和维护者组成的社区，此类社区将在前几章所述的清晰流程的基础上蓬勃发展。

我建议从头到尾顺序阅读本书。书中的每一章都是在前一章的基础上逐步展开的，每一步都有每一步的收获。

此外，本书附录讲解了如何安装工具，根据我的经验，这些工具会让打包工作变得更有趣。

● 附录 A 中提及的工具，可以让你更轻松地安装多个版本的 Python(和其他语言)以及调用打包过程中创建的各种 Python 解释器和虚拟环境。

● 附录 B 中提及的工具与项目没有太大关系，但可以提高你在大多数 Python 项目中的工作效率。

关于代码

本书包含许多源代码示例，既有带编号的代码清单，也有普通文本。在这两种情况下，源代码的格式都采用等宽字体，以便与普通文本区分开来。有时，代码也以粗体显示，以突出改动的代码，例如，在现有代码行中添加新功能时。

在许多情况下，原始源代码都经过了重新格式化；添加了换行符，并重新调整了缩进，以适应图书排版。在极少数情况下，因为部分代码过长，还在代码行中添加了换行标签(➥)。此外，在正文描述代码时，往往会删除源代码中的注释。

书中的源代码可在 GitHub 上找到，网址为 http://mng.bz/69A5，也可通过扫描本书封底的二维码下载。

每一章配套的代码都严格地与该章结束时软件包的完整状态保持统一。我非常审慎地做出了以上选择——因为打包配置需要在许多文件中使用精准的语法和数值，它甚至比常规编程更难做到正确无误。为了最大限度地减少挫败感，我认为与按代码清单组织代码相比，这是最好的参考方式。

由于打包实践会随时间发生变化，我将陆续提供本代码配套的更新版本。为避免混淆，我会将这些更新版本与本版的代码区分开来，并在配套的代码资源中提供相应的链接。

目　　录

第 II 部分　创建可行的软件包

第 I 部分

基本概念

软件打包也许是将应用程序及其功能推向消费市场的最重要成就。软件包支持人们在自己的项目中便捷地重用他人的成果，在手机上安装应用程序，等等。如果没有软件包，工作效率就会大幅下降，人们或许仍处在软件开发的黑暗时代。

无论你是 Python 软件包的维护者，还是刚刚开始使用打包的新手，对打包概念的扎实理解都会让你在阅读本书和完成其他项目时保持正确的思维方式。这部分内容涵盖打包的概念、创建自己的 Python 软件包时需要做什么准备，以及什么是最小可行软件包。

第 *1* 章

Python打包的含义与目的

本章涵盖如下内容：
- 打包代码，使其更容易访问
- 使用打包使项目更易于管理
- 为不同平台构建 Python 软件包

假设你编写了一个用于自动驾驶汽车的开创性 Python 软件，该最新成果将改变世界，你希望更多的人使用它。你已经说服 CarCorp 公司使用该解决方案，他们希望获取代码并开始使用。

当 CarCorp 公司打电话来询问如何安装和使用代码时，你会详细介绍如何将每个文件复制到正确的目录，如何使某些文件成为可执行文件以便作为命令运行，等等。因为软件是你写的，所以这些对你来说是信手拈来。但令你惊讶的是，电话另一端的开发人员却有点不知所措。这是为何呢？

你已意识到软件制作者和软件使用者之间存在着不可逾越的鸿

沟。如今，人们习惯于在需要新应用时访问 iPhone 上的应用商店。
如果想改善软件的用户体验，还有很多工作要做！

　　本书将讲解如何将 Python 项目作为可安装包发布，从而使他人
更容易访问。还将讲解如何创建一个可重复的流程来管理项目，从
而减少维护项目所花费的精力，这样软件制作者就可以专注于个人
的终极目标：改变世界。在学习过程中，你将使用一些流行的打包
工具来构建一个真实的项目，并将该过程的多个方面自动化，从而
实现这一切。尽管 Python 社区已经为打包的某些方面制定了标准，
但"唯一正确的方法"尚未出现，也可能永远不会出现！

　　即使你以前创建或发布过 Python 软件包，也能在本书中找到适
合自己的内容。你将学到的建议和工具都已经过时间考验，可用于
一些标准化程度低的打包实践。Python 打包曾有一段混乱的历史，
目前也有许多可供选择的方案，因此除了了解和使用目前可用的工
具，你还将学习这些工具背后的原理，以随着环境的变化而不断调
整。为此，首先要了解为什么要对软件打包。

1.1　软件打包的准确定义

　　为了挽回与 CarCorp 公司的关系，你承诺几周后会带着一个经
过彻底改进的流程回来，帮助他们快速安装软件。你知道你最喜欢
的一些 Python 代码库，如 pandas 和 requests，都可以在网上以软件
包的形式获得，你也想为自己的用户提供同样便捷的安装方式。

　　打包是将软件及其描述文件的元数据一起归档的行为。通常，
开发者创建这些归档文件或软件包，目的是共享或发布它们。

　　重点：Python 生态系统使用 package 一词来表示两个不同的概
念。Python 打包管理机构(PyPA)在 *Python Packaging User Guide*
(可访问链接 https://packaging.python.org)中将这两个术语区分如下：

- 　**导入包(import packages)**：将多个 Python 模块组织到一个
目录中以便于发现(http://mng.bz/wypg)。

- 发布包**(distribution packages)**：将 Python 项目归档发布以供他人安装(http://mng.bz/qoNz)。

导入包并不总是以归档形式发布，尽管发布包通常包含一个或多个导入包。发布包是本书的主题，必要时将与导入包区分开来，以避免混淆。

将软件及其元数据打包在一起的方式可能无限多，那么这些软件的维护者和用户该如何管理预期并减少手动操作呢？这就是软件包管理系统的作用所在。

1.1.1　实现自动化打包的标准化

软件包管理系统或软件包管理器可将特定领域软件包的归档和元数据格式标准化。软件包管理器提供了一系列工具，帮助用户在项目、编程语言、框架或操作系统层面安装依赖项。大多数软件包管理器都附带一套类似的安装、卸载或更新软件包的说明。你可能使用过以下一些软件包管理器：

- pip(https://pip.pypa.io)
- conda(https://docs.conda.io)
- Homebrew(https://brew.sh/)
- npm(https://www.npmjs.com/)
- asdf(https://asdf-vm.com/)

早期的软件包管理

尽管开发人员非正式地进行代码打包已经有一段时间了，但直到 20 世纪 90 年代初软件包管理系统得到广泛应用，这一做法才开始兴起，参见 Jeremy Katz 的 *A Brief History of Package Management*，Tidelift，可访问链接 http://mng.bz/7ZG4。

事实证明，声明式定义项目依赖项的能力显著提升了开发人员的工作效率，因为它抽象出了管理软件项目中的大量基础工作。

软件仓库通过充当发布和托管软件包的集中市场，进一步规范了软件包的打包流程(见图 1.1)。许多编程语言社区都提供了用于安装软件包的官方或事实上的标准软件仓库。PyPI(https://pypi.org)、RubyGems(https://rubygems.org/)和 Docker Hub(https://hub.docker.com/)就是几个流行的软件仓库。

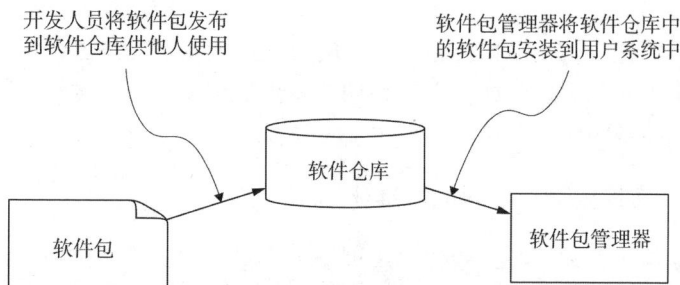

图 1.1   软件包、软件包管理器和软件仓库都是共享软件的关键

如果你有一部智能手机、平板电脑或台式计算机,并从应用商店安装了应用程序,这就是软件包在起作用。软件包是将软件及其元数据捆绑在一起的产物,实质上相当于应用程序。而软件仓库托管着人们可以安装的软件,相当于应用商店。

因此,软件包是将软件和元数据按照约定的格式结合在一起的产物,并在相关的软件包管理系统中进行编码。在更细的层面上,软件包通常还包括在用户系统上构建软件的方法,或者为各种目标系统提供软件的多个预构建版本。

1.1.2   发布软件包的内容

图 1.2 显示了发布软件包中可能包含的一些文件。开发人员通常会在软件包中包含源代码文件,但他们也可以提供编译后的工件、测试数据以及用户或同事可能需要的任何其他内容。通过发布软件包,用户可以一站式获得使用软件所需的所有文件。

发布软件包最适用于发布
代码，但也可以包含其他
类型的文件

源代码

文件 1　　文件 2　　文件 3

说明　　　　发布软件包

makefile　　　元数据

可以发布配置和编译代码，
以及帮助用户构建和使用软
件的说明

软件包的元数据(如名称和版本)有
助于将其与其他软件包或同一软件
包的其他版本区分开

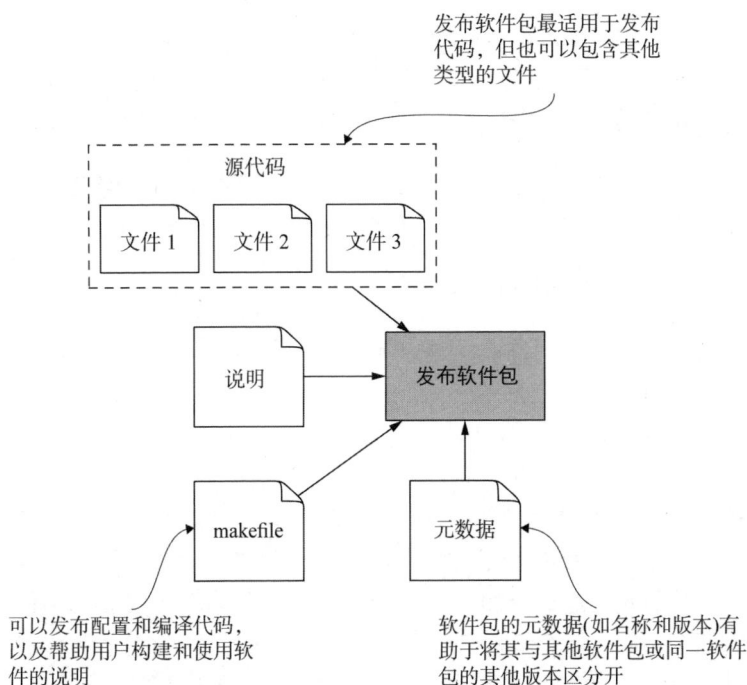

图 1.2　软件包通常包括源代码、用于编译代码的 makefile、关于代码的
　　　　元数据以及用户说明

　　软件包中的非代码文件发布是不可或缺的功能。尽管代码通常
是发布软件包的核心内容，但许多用户和工具都依赖于代码的元数
据来将其与其他代码区分开。开发人员通常会在元数据中指定软件
项目的名称、创建者、可重复使用的许可证等。重要的是，元数据
通常包括归档的版本，以便与项目以前和未来发布的软件包区分开。

共享软件的早期

　　在 Unix 操作系统问世后的 10 多年里，团队和个人之间的软件
共享仍主要依靠手动操作。下载源代码、编译源代码以及处理编译
过程中产生的各种问题，都是由试图使用代码的人自己完成的。这
一过程中的每一步都有可能因人为错误和系统之间的架构或环境差

异而导致失败。Make(https://www.gnu.org/software/make/)等工具消除了这一过程中的一些变数，但在软件包版本、依赖项和安装管理方面却止步不前。

现在已经熟悉了软件包中的内容，接下来我们将了解这种共享软件的方法如何解决实际中的具体问题。

1.1.3　共享软件面临的挑战

与 CarCorp 公司的通话越来越紧张，你猛然意识到忘记让他们先安装项目的所有依赖项了。你只好回退几步，先引导他们完成依赖项的安装。遗憾的是，你又忘了检查其中一个主要依赖项的版本，最新版本似乎无法使用。你引导他们安装之前的每个版本，直到最后找到一个能用的版本。最终成功化险为夷。

随着开发的系统越来越复杂，确保正确安装每个依赖项所需版本的工作量也在迅速增加。在最糟糕的情况下，你可能需要同一依赖项的两个不同版本，但它们却无法共存。这种情况被戏称为"依赖项地狱"。在这种情况下，对项目进行脱机处理可能极具挑战性。

即使没有"依赖项地狱"，如果没有标准化的打包方法，也很难以标准方式共享软件，让用户都知道他们需要为项目安装哪些其他依赖项。软件社区创建了管理软件包的惯例和标准，并将这些惯例纳入软件包管理系统中，以便完成工作。

现在，已经讲解了为什么打包有利于共享软件，下面将带你了解打包带来的一些其他优势，即使你并不总是公开自己的软件。

1.2　打包的作用

如果你是打包新手，那么目前看来，打包似乎主要是为了与全球各地的人共享软件。虽然这确实是打包代码的优势，但在开发软件时打包还能带来以下好处：

- 更强的内聚性和封装性。
- 更清晰的所有权定义。
- 代码区域之间的耦合度更低。
- 更多的组合机会。

下面详细介绍这些好处。

1.2.1　通过打包实现内聚和封装

代码的某一特定区域通常只负责一项工作。内聚性衡量的是代码完成某项工作的专注程度。功能越杂乱无章，代码的内聚性就越差。

你可能曾经使用函数、类、模块和导入软件包来组织 Python 代码(参见 Dane Hillard 所著的 *The Hierarchy of Separation in Python*，Manning 出版社，2020 年，第 25-39 页，http://mng.bz/m2N0)。这些结构都在代码的特定工作区域周围设置了一种命名界限。如果命名工作做得好，就能向开发人员传达哪些属于界限内的内容，哪些不属于(后者更重要)。

尽管已经尽了最大努力，但仍然存在命名的不精确性和开发者对代码边界的模糊理解。如果将所有 Python 代码都放在一个应用程序中，那么有些代码最终可能会渗透到不属于它的区域。回想一下你开发过的那些大型项目，你创建了多少个包含各种功能的 utils.py 或 helpers.py 模块？通过函数或模块创建的边界很容易被打破。这些代码中的"工具"区域往往会吸引新的"工具"加入，导致内聚性随时间的推移而降低。

假设你的自动驾驶汽车系统可以使用激光雷达(详见 https://oceanservice.noaa.gov/facts/lidar.html)作为输入。但 CarCorp 公司的车辆并未配备激光雷达传感器。作为一位勤奋的开发人员，你创建了针对激光雷达的特定代码部分，以便将其与其他关注点分离开来。尽管通过评估命名并定期重构代码库可以保持较高的内聚性，但这也会带来维护上的负担。发布软件包提高了在非相关区域添加代码的门槛。因为任何更新都需要经过打包、发布和安装更新的完整流程，这一周期促使开发人员对他们所做的更改进行更深入的思考。

因此，如果没有明确的意图且值得投入更新周期，开发人员就不太可能向软件包中添加代码。

　　创建具有内聚性的代码区域并将其打包是实现封装的一个方法。通过定义代码的行为是否暴露以及如何暴露，封装可以帮助你与用户建立正确的预期，让他们知道如何与你的代码进行交互。回想一下你创建并分享给他人使用的项目。想想你修改了多少次代码，以及他们因此又不得不修改多少次代码。这让他们有多沮丧？封装可以通过更好地定义 API 合约来减少这种频繁的更改。图 1.3 展示了如何将这些区域打包成多个软件包。

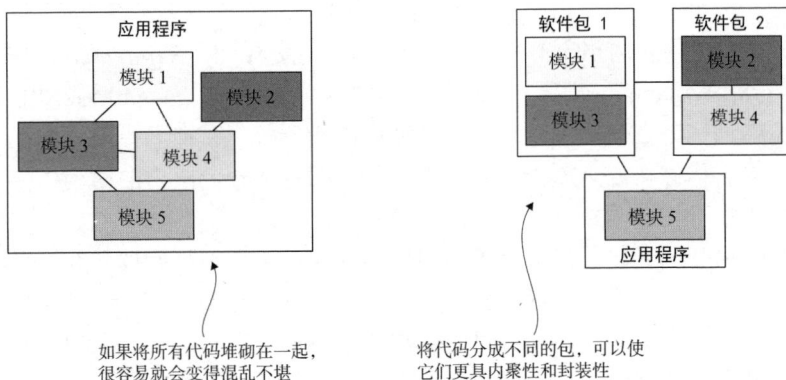

如果将所有代码堆砌在一起，很容易就会变得混乱不堪

将代码分成不同的包，可以使它们更具内聚性和封装性

图 1.3　通过引入更强的界限，打包可以减少代码区域之间意外的相互依赖

　　过去，当你发现一段本应仅用于模块内部的代码被广泛应用于整个代码区域时，可能会备感沮丧。毕竟每次更新"内部"代码时，都需要逐一更新其他地方的用法。在这种高频率变更的环境中，如果未能将更改传播到所有相关地方，就可能会导致错误，从而大大降低你或团队的工作效率。

　　封装良好、高内聚的代码即使被广泛使用，也很少需要更改。这种代码有时被称为"成熟代码"。成熟的代码非常适合打包发布，因为不需要经常重新发布。可以从代码库中提取一些比较成熟的代码，然后利用所掌握的内聚和封装知识，使不太成熟的代码也能达到要求，从而开始打包工作。

1.2.2　促进代码所有权的明确化

　　明确代码区域的所有权对团队大有裨益。所有权不仅涉及维护代码本身的行为，团队还会通过构建自动化来简化单元测试、部署、集成测试、性能测试等工作。这需要同时处理很多事情。保持较小的代码界限区域范围，以便团队能够掌控所有这些方面，这将有助于确保代码的持久性。打包是管理范围的一种有效工具。

　　通过打包代码形成的封装，能够开发出独立于其他代码的自动化功能。例如，对于结构简单的代码库而言，自动化可能需要编写条件逻辑，以根据更改的文件决定运行哪些测试。或者，可以在每次更改时运行所有测试，尽管这可能会很慢。创建可以独立于其他代码进行测试和发布的软件包，将使源代码、测试代码和发布代码之间的映射更加清晰(见图 1.4)。

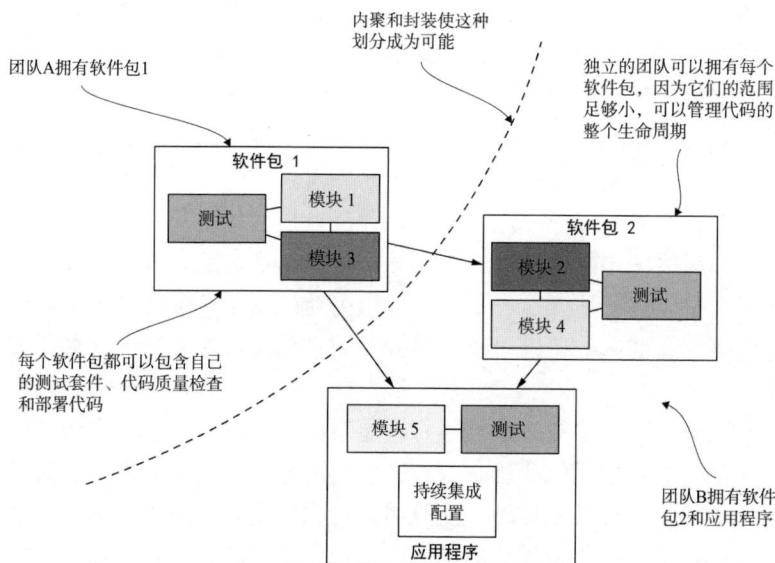

图 1.4　团队可以全权管理单个软件包，自行决定如何管理其开发、测试和发布
　　　生命周期

对软件包的目的进行明确划分，就更有可能对所有权进行明确划分。如果一个团队不清楚他们对某些代码的所有权是什么，就会心存顾忌。试着提供一个具有明确范围、背景故事和操作手册的软件包，看看团队的情绪会发生怎样的变化。

1.2.3　实现与使用解耦

你可能听说过"松耦合"这个术语，该术语用来描述代码区域之间的相互依赖程度。

定义：耦合是衡量代码区域之间相互依赖程度的指标。松耦合代码提供了多种灵活的途径，因此可以实施并选择各种执行策略，而不是被迫遵循一条特定的路径。低耦合的两段代码间几乎不存在相互依赖关系，而且可以以不同的速度进行更改。

本章前面提及的内聚和封装实践是一种减少因代码组织不当而导致紧密耦合的可能性的方法。内聚性高的代码内部耦合较紧，与界限外的耦合较松。封装通过暴露一个有意设计的 API 来限制与该 API 的耦合度。因此，合适的打包和封装的策略有助于你将用户与代码中的实现细节解耦。封装还可以通过版本控制、命名空间，甚至编写软件的编程语言，与用户实现解耦。

在一个大的代码"泥团"中，你只能运行每个模块中的代码。如果你或团队中的某个人更新了某个模块，那么所有使用该模块的代码都必须立即适应这一更改。如果更新改变了函数的调用签名或返回值，它的影响范围可能会很大。而打包可以大大减少这种限制（见图 1.5）。

试想一下，如果请求包的每次更新都要求你立即做出反应，迫使你不断更新自己的代码。那将是怎样的噩梦！由于软件包会对其包含的代码进行版本控制，而且用户可以指定安装版本，因此软件包可以在不影响用户代码的情况下进行多次更新。开发人员可以精确地选择何时更新代码，以适应软件包最新版本的更改。

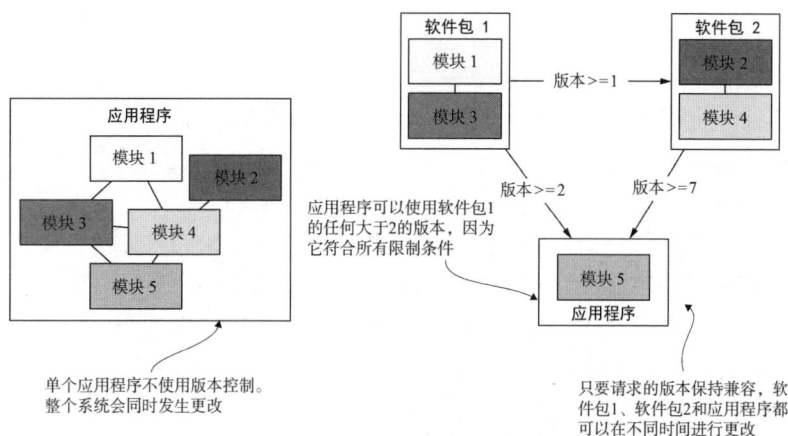

图 1.5　打包提供了灵活性，使两个区域的代码可以以不同的速度进行改进和优化

　　另一个可以实现代码解耦的地方是命名空间。命名空间将值和行为附加到人类可读的名称上。当安装一个软件包时，就可以在它指定的命名空间中使用它。例如，requests 软件包在 requests 命名空间中可用。

　　不同的软件包可以拥有相同的命名空间。这意味着如果安装了多个软件包，那么它们就可能会发生冲突，但命名空间的这种灵活性也意味着软件包可以相互替代。如果开发者创建了一个更快、更安全或更易维护的流行软件包的替代品，那么只要 API 相同，就可以安装它来替代原来的软件包。例如，以下软件包都提供了与MySQL(https://www.mysql.com)大致相同的客户端功能。具体来说，它们在一定程度上实现了与 PEP 249(https://www.python.org/dev/peps/pep-0249/)的兼容：

- mysqlclient (https://github.com/PyMySQL/mysqlclient)
- PyMySQL (https://github.com/PyMySQL/PyMySQL)
- mysql-Python(https://github.com/arnaudsj/mysql-python)
- oursql (https://github.com/python-oursql/oursql)

　　最后，Python 软件包甚至可以实现 Python 调用层与底层实现语言(编写软件包的语言)的解耦！许多 Python 软件包都是用 C 甚至Fortran 编写的，以提高性能或方便与遗留系统集成。如果需要，软件包作者可以提供这些软件包的预编译版本，用户也可以从源代码构建版本。这也使得软件包更具可移植性，使开发人员在一定程度上与他们正在使用的计算机或服务器的细节相解耦。更多关于打包构建目标的信息详见第 3 章。

也可以打包一些代码，尝试版本解耦带来的自由度，看看自己的版本化软件包如何随时间演变。那些更改较频繁的软件包可能表明其内聚性较低，毕竟代码频繁更改通常有其原因。另一方面，这可能只是表明代码仍在不断成熟。至少，这些有关版本变更的关键数据点是可以观察到的！更多关于版本管理的信息详见第 9 章。

1.2.4　通过组合小软件包填补角色空缺

将代码提取为多个软件包的行为有点类似于分解。成功的分解需要妥善处理松耦合。分解代码是一门艺术，可以分离代码段，使它们能够以新的方式重新组合(有关分解和耦合的精彩简述，可参阅 Josh Justice 撰写的 *Breaking Up Is Hard to Do：How to Decompose Your Code*，*Big Nerd Ranch*，http://mng.bz/5mpq)。

通过对代码中较小的部分进行打包，就能识别出那些能实现特定目标的代码，而这些目标可以进一步概括或扩展，以实现某种作用。例如，可以使用内置的 Python 工具(如 urllib.request.urlopen)创建一次性 HTTP 请求。一旦你多次进行这样的实践，就会发现用例之间的共性，进而将这一概念推广到更高级的实用程序中。因此，requests 软件包并不是为了执行某个特定的 HTTP 请求而构建的；它扮演着 HTTP 客户端的一般角色。某些代码目前可能非常具体，但一旦发现需要类似行为的新领域，就可能发现一个确定所需角色的契机，将其稍加归纳整理，便可创建一个填补该角色空缺的软件包。

为 CarCorp 公司改造的软件代码中，有很大一部分是关于汽车导航系统的。只要稍加调整，导航代码也能用于 Acme Auto 公司的车辆。这段代码可以充当与汽车导航系统通信的角色。因为我们已经了解到软件包可以依赖于其他软件包，而且导航系统代码本身具有高内聚性，所以我们有信心在下一次 CarCorp 会议之前创建两个软件包，而不是一个。

有关组合和分解的思考表明一个事实：发布的软件包可以具有任意的大小，就像函数、类、模块和导入软件包一样。在寻找合适的平衡点时，内聚和解耦应成为我们的指导原则。如果 100 个发布软件包各提供一个函数，那么维护就成为负担；如果一个发布的软件包提供 100 个导入软件包，则等同于没有打包。如果其他办法都不奏效，不妨自问："我想让这段代码扮演什么角色？"

至此，我们已经了解到，打包可以帮助编写内聚且松耦合的代码，这些代码具有明确的所有权，可以以一种易于访问的方式提供给用户。接下来，让我们继续深入探讨细节。

1.3　小结

- 软件包可归档软件文件和有关软件的元数据(如名称、创建者、许可证和版本)。
- 软件包管理器可自动安装软件包并管理它们之间的依赖项。
- 打包过程虽然存在许多缺陷,但可以通过工具和可重复的过程来克服。
- 软件仓库托管已发布的软件包，供他人安装使用。
- 打包是分离和封装具有高内聚性代码的好方法。
- 打包可用作解耦工具，以获得开发和维护代码的灵活性。
- 对软件包进行版本控制是减少每次更新时代码库流失的好方法。

第 *2* 章

为打包开发做准备

本章涵盖如下内容：
- 使用 venv 管理虚拟环境
- 使用虚拟环境隔离项目依赖项
- 使用 venv 管理虚拟环境的创建和激活
- 使用 pip 列出已安装的依赖项

在项目开始时，你很可能会急于开展工作，完成一些实实在在的事情。这可以理解，立即着手解决问题确实会带来回报。但是，稳扎稳打、逐步推进更是一种明智的策略，随着项目的逐渐成熟，这种策略可以让进展更迅速，并且维持得更长久。在探索一种新技术或流程时，若先采用此策略进行练习，便能达到熟能生巧之效。事先做一些规划可以大大提升工作效率和团队士气。本章将使用 asdf 和 venv，为本书后续将要使用的软件包创建一个开发环境。

重点：在继续阅读之前，请先阅读附录 A 安装本章所需的工具。

2.1   管理 Python 虚拟环境

当我们更深入考虑 CarCorp 项目的潜在成功时，就会意识到，如果这个即将发布的软件包变得流行起来，那么使用各种 Python 版本的用户可能都想要安装和使用它。由于他们不可能总是在生产系统上运行最新版本的 Python，因此明确说明软件包支持的 Python 版本范围，并在所有这些版本中测试软件包，是一种很好的实践。因为采用了附录 A 中的 asdf 和 python-launcher 的功能，我们已经获得了实现这一目标所需的大部分功能。最后一步是创建一个虚拟环境，用于软件包的本地开发。

安装 Python 时，会附带一系列软件包，这些软件包在 Python 标准库中可用。

定义：标准库定义了哪些功能被视为编程语言的核心部分。一种语言的标准库内置于该语言或其安装过程中，并且在系统上安装该语言的软件后默认可用。

与某些语言相比，Python 的标准库非常丰富，但即便如此，它也不能提供项目可能需要的所有功能。Python 软件包、Python 软件包索引(PyPI)和 pip 软件包管理器的存在就是为了共享 Python 标准库之外的软件或提供 Python 标准库的替代品。

假设在 CarCorp 项目初次启动时，便使用 pip 安装了一些 request 之类的软件包，还从 Vehicle Ventures 的早期项目中安装了一些其他软件包。你是否注意到，无论在哪个项目中使用这些软件包，它们最终都会集中安装到某一个位置？

默认情况下，pip 会将软件包安装到与安装时所使用的 Python 版本相关的位置，即站点软件包目录。也就是说，当安装 Python 3.7 并使用它自带的 pip 副本时，安装的软件包将存储在 Python 3.7 的站点软件包目录中。将所有软件包都安装到这个站点软件包目录中可能尚能应付，但当需要为不同的项目安装不同版本的软件包时，该怎么办呢? 如果需要列出单个项目所需的最小依赖项列表, 又该怎么办? 如果站点软件包目录中充满了来自各个项目的软件包, 这些问题就很难解决, 甚至无法解决。

解决这些问题的方法之一是隔离每个项目中的软件包。在隔离的情况下, 可以保存一份每个项目所需的最小依赖项列表。此外, 即使一个项目使用 requests==2.24.0, 另一个项目也可以自由使用 requests==2.1.0。第 1 章已经讲解了解耦的价值。软件包依赖项的隔离能让项目相互解耦。可以在 Python 中使用虚拟环境来实现这种隔离。

定义: Python 虚拟环境是一个隔离的 Python 副本, 具有隔离的站点软件包目录。虚拟环境 Python 中的 pip 副本会将软件包安装到其隔离的站点软件包目录中, 使之与其他环境分开。

虚拟环境在概念上与普通的 Python 安装并没有什么不同。与其安装 Python 3.7 并将所有项目的依赖项都安装到其中, 不如多次安装 Python 3.7, 并为每个安装赋予一个与每个项目对应的唯一名称。随后, 便可以将每个唯一命名的 Python 安装程序用于其对应的项目(见图 2.1)。虚拟环境的实际工作方式与此相差无几。

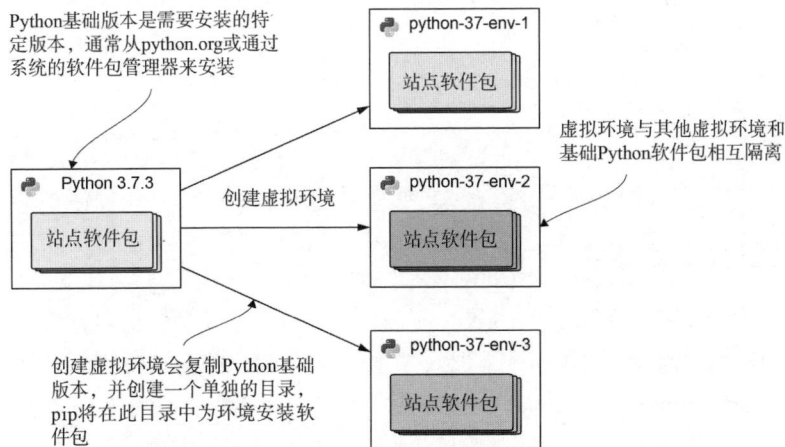

图 2.1　虚拟环境创建了 Python 和 pip 的隔离副本, 它们有自己的软件包
　　　安装目录

在虚拟环境中使用 Python 时，将用到环境创建时所用的 Python
基础版本的副本。

若要测试软件包，不仅需要安装与其他项目隔离的软件包，还
需要在多个 Python 基础版本中安装软件包。随着项目支持的 Python
版本数量增加，手动管理所有虚拟环境及其 Python 安装会变得非常
烦琐(见图 2.2)。

你可能已经开始意识到工具能让这些事情变得井井有条。asdf
可以帮助安装和管理 Python 基础版本，而 venv 则可以帮助从这些
基础 Python 版本创建虚拟环境。

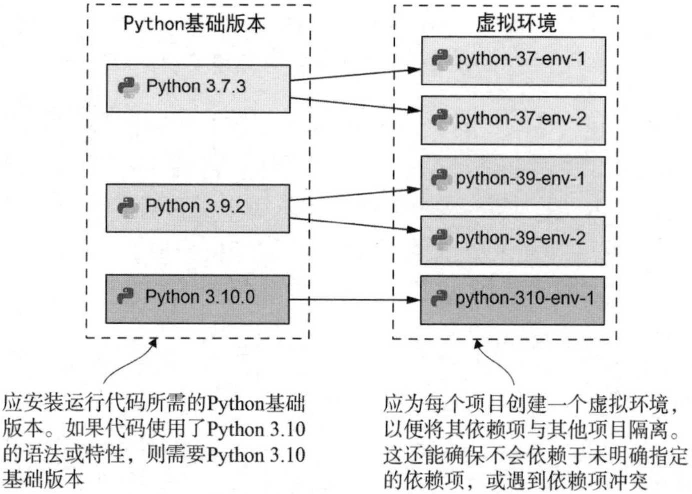

图 2.2　一个系统中可能存在许多 Python 基础版本，每个版本都有许多虚拟环境

使用 venv 创建虚拟环境

使用 asdf 直接从互联网上下载源代码并进行安装，便可在你的
系统上部署一个 Python 基础版本。使用一个唯一的名称复制一个已
安装的 Python 基础版本，即可创建一个虚拟环境。

使用 Python 基础版本中的 venv 模块，并向它传递虚拟环境目
录的名称，即可创建虚拟环境。通常，习惯将该目录称为.venv/。现

在，运行以下命令在项目中创建虚拟环境：

使用 python-launcher 以
选择 Python 基础版本

```
$ cd $HOME/code/first-python-package/
$ py \
    -3.10 \
    -m venv \
    .venv
```

使用内置的 venv 模块
创建新的虚拟环境

在当前工作目录
下创建.venv/目录

传递 Python 版本标志

如果命令成功执行，通常不会有任何输出，但应该会创建一个.venv/目录。Unix 系统上的 python-launcher 会检测到这个新虚拟环境的存在，并在你进入该目录或其子目录时默认使用它。如果虚拟环境当前处于活动状态，Windows 的 Python 启动器就会选择该虚拟环境。可以通过运行不带参数的 py 命令来验证这一点。启动的解释器应当与创建虚拟环境时使用的 Python 基础版本相匹配，可以使用下面的代码来确定它就是虚拟环境的 Python 副本：

```
>>> import sys
>>> sys.executable
'/Users/<you>/code/first-python-package/.venv/bin/python'
```

如果向 python-launcher 传递版本标志，仍会得到基础版本。例如，在使用 py -3.9 时，将显示类似下面的内容：

```
>>> import sys
>>> sys.executable
'/Users/<you>/.asdf/installs/python/3.9.3/bin/python3.9'
```

要证明虚拟环境与创建时的 Python 基础版本是隔离的，首先要在项目目录下运行以下命令，在虚拟环境中安装 request 软件包，并检查安装包的列表：

```
$ py -m pip install requests
$ py -m pip list
```

```
Package            Version
------------------ ---------
certifi            2022.6.15
charset-normalizer 2.0.12
idna               3.3
pip                21.2.4
requests           2.28.0
setuptools         58.1.0
urllib3            1.26.9
```

现在通过显式传递-3.10 版本标志来确认这些软件包没有安装在 Python 基础版本中:

```
$ py -3.10 -m pip list
Package    Version
---------- -------
pip        21.1.2
setuptools 57.0.0
```

可以看到，创建虚拟环境后，默认情况下只安装了 pip 和 setuptools 软件包。这些默认软件包及其版本是由 Python 基础安装决定的。最好养成将 pip 和 Setuptools 更新到最新可用版本的习惯，并安装 wheel 软件包，这样就可以安装为系统预构建的软件包，而不用自己编译。现在就安装这些软件包:

```
$ py -m pip install --upgrade pip setuptools wheel
```

今后，你将可以在项目中使用 py 命令，并确保始终能从项目的虚拟环境中获得 Python 副本，除非明确要求使用不同的 Python(基础)。这样可以减轻认知负担，因为每次开始或停止项目工作时，都不再需要手动激活或停用虚拟环境。

提示:如果习惯在 PyCharm (https://www.jetbrains.com/pycharm/)或 Visual Studio Code(https://code.visualstudio.com/)等集成开发环境中自动使用虚拟环境，那么即使在命令行中使用的是 python-launcher，也可以这么做; .venv/目录仍然是一个标准的虚拟环境。

　　到此已经讲解了使用 asdf 和 venv 管理 Python 版本和虚拟环境的
来龙去脉。现在，创建第一个 Python 软件包的所有准备工作已就绪。

2.2　小结

- 虚拟环境能够解耦并隔离不同 Python 项目的依赖项。
- 使用 python-launcher 可确保获得正确的 Python 版本。

第 *3* 章

最小Python软件包的剖析

本章涵盖如下内容：
- 构建 Python 软件包系统
- 使用 Setuptools 构建软件包
- Python 软件包的目录结构
- 为多个目标构建软件包

Python 软件包的构建是由标准化流程驱动的，由几种不同的工具相互协作完成。作为软件包作者，最重要的决策之一就是选择使用哪套工具来进行打包。评估每种工具的细微差别十分困难，尤其是对于打包新手而言。幸运的是，各种工具都是围绕相同的核心工作流进行标准化，因此一旦掌握了这些工具，便能以最小的代价在不同工具间灵活切换。本章将介绍每一类工具的作用、它们如何协同工作生成软件包，以及不同系统的软件包的构建方式有何不同。

重点：在继续阅读之前，请先阅读附录 B，安装本章所需的工具。

可以使用配套代码(http://mng.bz/69A5)检查本章练习的完成情况。

3.1　Python 构建工作流

下面几节将介绍构建软件包的过程，以及成功构建软件包需要做哪些工作。首先，介绍 Python 构建系统本身的各个组成部分。

Python 构建系统的组成部分

在项目的根目录下，首先使用下面的命令运行 build：

```
$ pyproject-build
```

由于软件包还没有任何内容，因此会出现类似下面的错误：

```
ERROR Source /Users/<you>/code/first-python-package does not
➥appear to be a Python project: no pyproject.toml or setup.py
```

输出结果提到了两个文件。其中，pyproject.toml是PEP 518(https://www.python.org/dev/peps/pep-0518/)中引入的较新的配置Python打包的标准文件，除非想使用的第三方工具只兼容setup.py，否则都应首选该文件。该文件使用类似INI语言的 TOML 格式(https://toml.io/en/)，将配置划分成相关部分。

提示：如果已在现有的软件包中使用了 setup.py 文件，并遵循了本书中的做法，就应该在项目使用静态元数据(http://mng.bz/ZAdZ)时考虑迁移到 pyproject.toml 文件和本章后面介绍的 setup.cfg 文件。而Setuptools 的某些功能仍然需要使用 setup.py，详见第 4 章。

本书不详细教授 TOML，但会在需要时解释打包所需的部分内容。现在，可使用以下命令创建pyproject.toml 文件以纠正错误：

```
$ touch pyproject.toml
```

再次运行 pyproject-build 命令。这一次，构建应该会成功运行，并显示大量输出，其中有几行值得注意，如代码清单 3.1 所示。那么，这里发生了什么？从高层来看，构建命令使用了源代码和提供的元数据，以及它生成的一些文件，从而创建了以下内容：

- 源代码发布软件包——Python 源代码发布包，或称 sdist，是一个扩展名为.tgz 的源代码压缩包。
- 二进制发布软件包——Python 内置发布软件包是一个二进制文件。当前的内置发布包标准是所谓的 wheel 或 bdist_wheel，扩展名为.whl。

源代码发布软件包几乎允许任何人在自己的平台上构建代码，而二进制发布软件包则是为特定平台预构建的，可以省去用户自己构建的工作。第 4 章将深入介绍这两种发布软件包类型的重要性。

代码清单 3.1　构建空 Python 软件包的结果

```
源代码发布软件包由 build_sdist 钩子构建          Setuptools 和 wheel 软件
                                              包用于构建后端
...
Successfully installed setuptools-57.0.0 wheel-0.36.2 ◄
...
running sdist
                                              构建过程需要一个格式
...                                           可选的 README 文件
warning: sdist: standard file not found: ◄
➥ should have one of README, README.rst, README.txt, README.md

                                      构建过程需要软件包的名称和 URL
running check
warning: check: missing required meta-data: name, url ◄

warning: check: missing meta-data: either (author
➥ and author_email) ◄——— 构建过程需要软件包的作者或维护者
➥ or (maintainer and maintainer_email) should be supplied

creating UNKNOWN-0.0.0 ◄
...                          由于未指定名称，该软件
                             包被称为 UNKNOWN
```

```
 ┌──▶ Creating tar archive
 │     ...
 │     Successfully installed setuptools-57.0.0 wheel-0.36.2
 │     ...
 │     running bdist_wheel ◀────────  二进制 wheel 发布软件包
 │     ...                            由 build_wheel 钩子构建
 │     creating '/Users/<you>/code/first-python-
 │   ➥ package/dist/tmpgdfzly_7/ ◀──────────────
 │   ➥ UNKNOWN-0.0.0-py3-none-any.whl' and adding        二进制 wheel
 │   ➥ 'build/bdist.macosx-11.2-x86_64/wheel' to it     发布软件包是
 │                                                       一个.whl 文件
源代码发布软件包是
一个压缩归档文件
```

因为还没有提供任何元数据，所以构建过程会提醒缺少一些重要信息，如 README 文件、作者等。本章稍后将介绍如何添加这些信息。

注意，编译过程会安装 setuptools 和 wheel 软件包。Setuptools (https://setuptools.readthedocs.io)是一个库，在很长一段时间内，它都是创建 Python 软件包的主要方法。现在，Setuptools 是用于 Python 软件包构建的多种可用构建后端之一。

定义：构建后端是一个 Python 对象，它提供了几个必选和可选的钩子来实现打包行为。后端接口的核心构建规范遵循 PEP 517 标准 (http://mng.bz/o5Rj)。

在构建过程中，构建后端通过 build_sdist 和 build_wheel 钩子完成创建软件包工件的逻辑工作。在 build_wheel 步骤中，Setuptools 使用 wheel 软件包来构建 wheel 发布软件包。如果不指定构建后端，build 工具默认使用 Setuptools 作为构建后端。

构建后端的存在可能会让你怀疑是否还有构建前端。事实证明，我们已经在使用构建前端了。build 工具就是构建前端！

定义：构建前端是一个运行工具，它负责启动并初始化从源代码构建软件包的过程。构建前端提供用户接口，并通过钩子接口与构建后端集成。

简言之，可以使用 build 这样的构建前端工具来触发 Setuptools 这样的构建后端，根据源代码和元数据创建软件包工件(见图 3.1)。

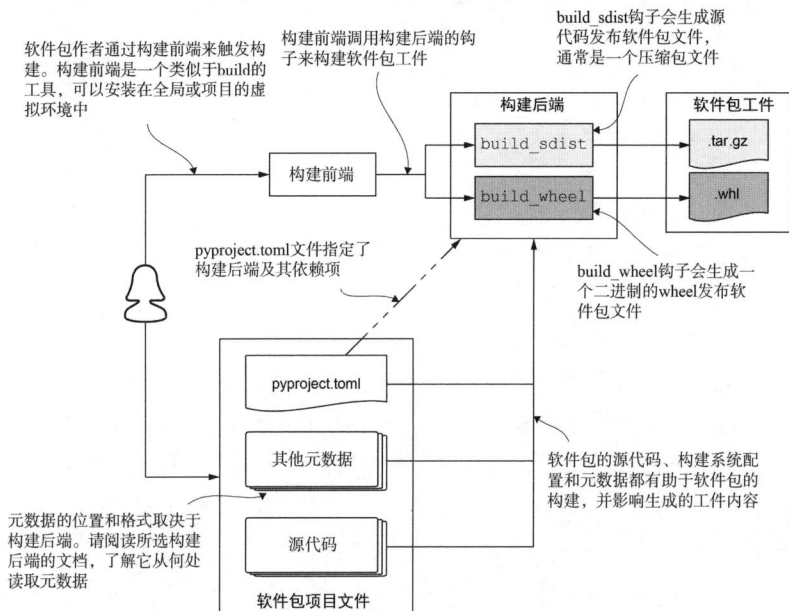

图 3.1　Python 构建系统包括一个前端用户接口，该接口与后端集成，共同协
　　　作来构建软件包工件

由于构建过程会创建软件包工件，因此现在可以检查运行构建
的效果。列出项目根目录的内容，可以看到以下内容：

```
$ ls -a1 $HOME/code/first-python-package/
.
..
.venv/
UNKNOWN.egg-info/
build/
dist/
pyproject.toml
```

UKNOWN.egg-info/和 build/目录是中间工件。接下来，列出 dist/
目录中的内容，在该目录中应该可以看到源代码和二进制 wheel 软
件包文件，如以下代码所示：

```
$ ls -al $HOME/code/first-python-package/dist/
UNKNOWN-0.0.0-py3-none-any.whl
UNKNOWN-0.0.0.tar.gz
```

其他构建系统工具

如前所述，构建前端和后端还有其他选择。有些软件包同时提
供前端和后端。在本书的其余部分，我们将继续使用 build 和
Setuptools 作为构建的前端和后端工具。

如果想探索其他构建工具，可以查看 Poetry(https://python-poetry.
org/)、flit(https://flit.readthedocs.io)和 hatch(https://hatch.pypa.io)。每
种构建系统都在配置简易性、功能和用户接口之间做出了不同的权
衡。例如，flit 和 poetry 更适合纯 Python 软件包，而 Setuptools 则支
持其他语言的扩展。第 4 章对此有更详细的介绍。

切换到另一个构建系统只需几步，如下所示：

(1) 安装新的构建前端软件包。

(2) 更新 pyproject.toml，指定新的构建后端及其要求。

(3) 将软件包的元数据移至新的构建后端所期望的位置。

由于之前未指定备用构建后端，因此构建时使用了 Setuptools
作为构建后端。可以在 pyproject.toml 中添加代码清单 3.2 中的代码，
指定 Setuptools 作为软件包的构建后端。这些代码指定了以下内容。

(1) build-system——本节讲述的软件包构建系统。

(2) requires——这些是构建系统必须安装的依赖项的字符串列
表。如前所述 Setuptools 构建系统需要 Setuptools 和 wheel。

(3) build-backend——这是指向构建后端对象的入口，使用点路
径的字符串形式来表示。Setuptools 构建后端对象在 setuptools.build_
meta 中提供。

这些内容共同构成了指定构建后端所需的完整配置。

代码清单 3.2 使用 Setuptools 的构建系统后端规范

```
                        ┌── 打开一个新的 TOML 部分          以字符串形式列出
[build-system] ◄────────┘                                软件包名称
requires = ["setuptools", "wheel"] ◄────────
build-backend = "setuptools.build_meta" ◄────
                                                         以字符串形式表示
                                                         的对象点路径
```

添加构建系统信息后，再次运行构建。输出结果应该不会有任何变化：只是将 Setuptools 显式指定为后端，而不是让构建系统默认使用它。现在你已经掌握了 Python 软件包构建系统，还需要添加一些关于软件包的元数据。

3.2 创建软件包元数据

前文曾提及，每个构建后端可能会在不同的位置以不同的格式查找软件包元数据。对于 Setuptools 后端，可以在项目根目录下名为 setup.cfg 的 INI 类型文件中指定静态元数据。为该文件添加键值对，以提供有关软件包及其内容的信息。

某些元数据对于构建可正确识别的软件包至关重要。运行构建时，若名称中出现"UNKNOWN-0.0.0"，则表示缺失核心元数据。应先修复这些核心元数据问题。

3.2.1 所需的核心元数据

若要修复软件包文件名，首先应在项目根目录下创建 setup.cfg 文件。

注意：PEP 621(https://www.python.org/dev/peps/pep-0621/)描述了在 pyproject.toml 文件中声明静态元数据的标准。尽管该标准已被接受，但尚未广泛采用。特别是在撰写本书时，Setuptools 还不支持该标准(https://github.com/pypa/setuptools/issues/1688)，不过有些替代方案可能会支持。本章及后续各章将尝试在 setup.py、setup.cfg 和 pyproject.toml 这些配置文件之间找到一种平衡，以便改进开发人员在打包、测试、代码质量等方面的体验。

　　一个软件包至少需要两个字段：name 和 version。这两个字段能够将软件包的发布版本与其他软件包以及软件包的其他版本区分开来。将这两个字段添加到 setup.cfg 中名为 metadata 的部分，如下所示：

```
[metadata]  ◄──────────────────────┐ 这是"元数据"部分
name = first-python-package         │
version = 0.0.1  ◄──── 该部分包含一个
                      或多个键值对
```

　　保存文件后，删除 dist/目录并再次运行构建过程。列出新生成的 dist/目录中的内容，应该可以看到以下内容：

```
$ ls -al dist/
.
..
first-python-package-0.0.1.tar.gz
first_python_package-0.0.1-py3-none-any.whl
```

　　这就证实了所提供的名称和版本正确无误。构建过程识别了提供的值，并用它们填充了软件包工件的文件名。"UNKNOWN"已被规范化的版本"first-python-package"取代，"0.0.0"已被"0.0.1"取代(见表 3.1)。

表 3.1　文件名比较

构建前	构建后
UNKNOWN-0.0.0.tar.gz	first-python-package-0.0.1.tar.gz
UNKNOWN-0.0.0-py3-none-any.whl	first-python-package-0.0.1-py3-none-any.whl

　　要确认软件包是否包含预期文件，可以手动检查其内容。切换到 dist/目录，使用以下命令解压缩源代码发布软件包：

```
$ cd $HOME/code/first-python-package/dist/
$ tar -xzf first-python-package-0.0.1.tar.gz
```

这会在软件包文件旁创建一个 **first-python-package-0.0.1/** 目录，其中包含从项目中打包的文件以及一些自动生成的文件。具体内容如下：

```
$ ls -1R first-python-package-0.0.1/
PKG-INFO                           ◄──────    源代码发布软件包
first_python_package.egg-info              包含多个生成文件
pyproject.toml          ◄──            源代码发布软件包还包含
setup.cfg                             在项目中创建的文件

first-python-package-0.0.1/first_python_package.egg-info:
PKG-INFO
SOURCES.txt
dependency_links.txt
top_level.txt
```

提示：也可以使用 tree 命令(https://linux.die.net/man/1/tree)来获得格式化的输出结果。如果没有安装 tree，可以从平台的系统软件包管理器中获取。

还可以验证指定的元数据在软件包中是否被忠实再现。打开任意一个 PKG-INFO 文件，查看其中的内容。PKG-INFO 文件包含元数据的规范化版本。具体内容如下：

```
                                   指定的软件包名称
                                   映射到 Name 字段
Metadata-Version: 2.1
Name: first-python-package  ◄───
Version: 0.0.1  ◄──                指定的软件包版本映射到
Summary: UNKNOWN  ◄──              Version 字段
Home-page: UNKNOWN
License: UNKNOWN
Platform: UNKNOWN                  尚未指定的字段显示为
                                   UNKNOWN

UNKNOWN
```

这里显示了指定的软件包名称和版本，但有几个其他字段仍然为 UNKNOWN。构建过程还在提示缺少 URL、README 和作者信息。接下来，将修复这些问题，并进一步充实元数据，以向用户更好地介绍这个软件包。

3.2.2   可选的核心元数据

根据核心元数据规范(http://mng.bz/nez8)，名称和版本是仅有的两个严格要求的字段，但其他几个字段也会被搜索引擎索引，或以高度可见的方式出现在 PyPI 等网站上。如果希望软件包被其他人找到并使用，那么最好尽可能多地提供这些字段的信息。

软件包元数据概述

如果想了解所有可用的不同字段以及它们是如何随时间演变的，可以阅读以下 PEP(https://www.python.org/dev/peps/)，这些 PEP 涉及软件包元数据规范。

- *PEP 241*:《Python 软件包的元数据》(https://www.python.org/dev/peps/pep-0241/)介绍了 PKG-INFO 文件。
- *PEP 301*:《Distutils 软件包索引和元数据》(https://www.python.org/dev/peps/pep-0301/)介绍了集中式 Python 软件包索引的概念，以及更好地区分 Python 软件包的分类器。
- *PEP 314*:《Python 软件包元数据规范 v1.1》(https://www.python.org/dev/peps/pep-0314/)用附加字段增强了 PEP 241。
- *PEP 345*:《Python 软件包的元数据 1.2》(https://www.python.org/dev/peps/pep-0345/)用附加字段、更改字段和废弃字段增强了 PEP 314。
- *PEP 566*:《Python 软件包元数据规范 v2.1》(https://www.python.org/dev/peps/pep-0566/)通过核心元数据规范、更严格的软件包名称的可允许值、附加字段以及将软件包元数据转换为 JSON 的规范，增强了 PEP 345。

- *PEP 621*：《在 pyproject.toml 中存储项目元数据》(https://www.python.org/dev/peps/pep-0621/)，该标准定义了在 pyproject.toml 文件中提供软件包元数据的标准，而非 setup.py 或 setup.cfg 等文件。该标准已被接受，但尚未被打包工具广泛采用。
- *PEP 639*：《Python 软件包元数据规范 v2.2》(https://www.python.org/dev/peps/pep-0639/)提出了一种标准化的方法来指定软件包的许可证信息。

核心元数据规范提供了可用字段及其格式的最新列表。

构建过程中仍会提示缺少 URL 和作者信息。在 setup.cfg 文件的 [metadata]部分添加以下字段，并酌情填入个人信息：

```
...
url = https:/ /github.com/<username>/<package repo name>
author = Given Family
author_email = "Given Family" <given.family@example.com>
```

再次运行构建，应该就不会再出现关于 URL 和作者丢失的提示。解压缩源代码发布文件，再次查看 PKG-INFO 文件。应该能看到下面的内容，以及添加的新值：

```
Metadata-Version: 2.1
Name: first-python-package
Version: 0.0.1
Summary: UNKNOWN
Home-page: https:/ /github.com/<username>/          url 字段映射到主页
➡ <package repo name>
Author: Given Family
Author-email: "Given Family" <given.family@example.com>
License: UNKNOWN
Platform: UNKNOWN                author 和 author_email 字段分别
                                 映射到 Author 和 Author-email

UNKNOWN
```

摘要仍显示为 UNKNOWN。摘要是对软件包用途的简短描述。可以把它视为软件包的"电梯宣传语":当人们搜索要使用的软件包时,最常看到的就是它。如果你正在阅读本书,那么很可能你是想学习如何共享代码。然而,如果你省啬元数据,那么很可能没人能找到你的软件包。元数据可以确保软件包在将来更容易被找到和使用。在 Setuptools 中,摘要通常被称为 description。现在就把 description 字段添加到元数据中,如下所示:

```
...
description = This package does amazing things.
```

文件末尾还有一个未标注的 UNKNOWN。这部分是软件包的详细描述,可以提供更多关于如何安装和使用软件包,以及软件包解决了哪些问题的细节。回想一下,构建过程仍在抱怨缺少 README 文件。通过创建 README 文件并在元数据中引用它,可以同时解决这两个问题。现在创建一个 README.md 文件,内容如下:

```
# first-python-package

This package does amazing things.

## Installation

```shell
$ python -m pip install first-python-package
```
```

现在,可以在 setup.cfg 中使用特殊的 file:指令,将 long_description 字段指向 README 文件。file:指令接受相对于 setup.cfg 的文件路径,并将该文件的内容作为字段的值。此外,还需要指定 long_description_content_type 字段,以表明 README 不是纯文本文件。由于文件是 Markdown 格式的,因此应指定 text/markdown 作为内容类型。下面就将这两个字段添加到元数据中:

```
...
long_description = file: README.md
long_description_content_type = text/markdown
```

运行构建，解压缩源代码发布软件包，然后再次检查 PKG-INFO。将显示以下内容：

- Summary 字段已填入简短描述。
- 文件现在包含一个 Description-Content-Type，其值为 text/markdown。
- 文件末尾的UNKNOWN现在已被替换为README.md文件的内容。

更新 README 文件时，这些更改将自动被引入构建软件包的下一个版本中。这种自动化减少了在多个地方更新文档的麻烦。接下来，许可证是元数据中最后一个需要特别注意的未知字段。

3.2.3　指定许可证

在大多数地区，软件默认受版权保护。如果不提供任何许可证，就不允许任何人使用代码——即使将其作为开源软件发布(参见 Tal Einat，*Over 10% of Python Packages on PyPI Are Distributed without Any License*，Snyk，http://mng.bz/vX9q)。许可证之所以重要，是因为它能帮助用户了解软件使用的条件。选择特定许可证的详细过程不在本书的讨论范围之内,但像 Choose a License (https://choosealicense.com)这样的网站会通过询问一系列问题，如"希望为软件提供哪些自由和限制"来帮助你完成这一选择过程。

> **许可证粒度**
>
> 大多数情况下，只需要在软件包元数据层面一次性指定整个软件包的许可协议。如果需要给软件包中的一个或多个特定文件应用更宽松或更严格的许可协议，则可以直接在这些文件中包含覆盖性的许可声明。Python 打包过程并没有提供处理项目中每个文件许可粒度的复杂方法，但第三方工具可能会有所帮助。

　　一旦选择了许可证，就需要在代码中声明该许可证，以便用户能够清楚地了解他们是否可以使用软件。GitHub 等网站会自动从 LICENSE 或 LICENSE.txt 等文件中发现许可证信息。同时，还需要在源代码和二进制软件包发行版中提供许可证，以便安装软件包的用户也能查看许可证。

　　要正确标识所选的许可证，并在构建的软件包发行版中包含许可证信息，请使用以下 3 个字段的组合：

- license——从 SPDX 许可证列表(https://spdx.org/licenses/)中指定与所选许可证对应的标识符。
- license_files——相对于 setup.cfg，指定一个或多个许可证文件的路径。
- classifiers——指定软件包所属的相关 Trove 分类器(https://pypi.org/classifiers/)，以便用户更容易发现项目。

　　例如，选择 MIT 许可(https://mit-license.org/)，就会在项目根目录下的 LICENSE 文件中放置一份许可文本副本，然后在元数据中添加以下字段：

```
...
license = MIT
license_files = LICENSE
classifiers =
    License :: OSI Approved :: MIT License
```

　　现在已经学会了如何为 Setuptools 构建后端指定软件包的各种元数据，并了解了构建系统在构建发布软件包时如何规范和使用这些元数据。图 3.2 展示了元数据在输入文件和输出文件之间的流动过程。

　　现在已经了解了元数据如何从项目流向发布软件包文件，那么接着就要了解源代码是如何流向发布软件包文件的。

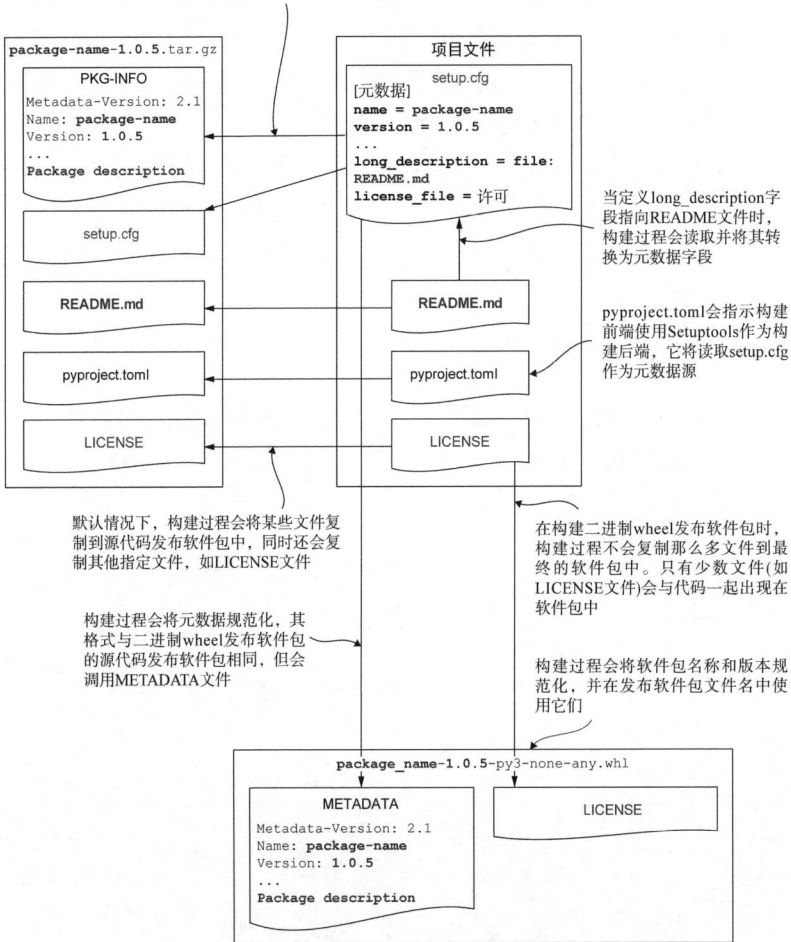

图 3.2　输入项目文件和输出发布软件包文件之间的元数据流

3.3　控制源代码和文件发现

假设终于完成了一个软件包的创建，并实现了 100% 的单元测试覆盖率。然而在发布后，开始收到错误报告。原来，你在本地测试时直接运行了原始源代码，而非 CarCorp 安装软件包的实际打包代码，而且打包的代码也不正确。

Python 并没有为代码和测试强加特定的目录结构。这种灵活性很有帮助，但也自然地导致了多种约定的情况。有些约定可能会导致创建的包存在文件丢失或导入错误等问题，从而损坏软件包。为此，需要使用一种强制性的方式打包代码，从而避免这些不合法约定。然而，手动执行打包过程可能会有些乏味，第 5 章将介绍一些工具来减轻这种负担。

将测试与实现代码完全分开，可以避免意外针对原始源代码运行测试(参见 Ionel Cristian Mărieș，*Packaging aPythonLibrary*，http://mng.bz/49Bg)。在下面的模型中，实现了模块和测试模块各自嵌套在自己的目录中：

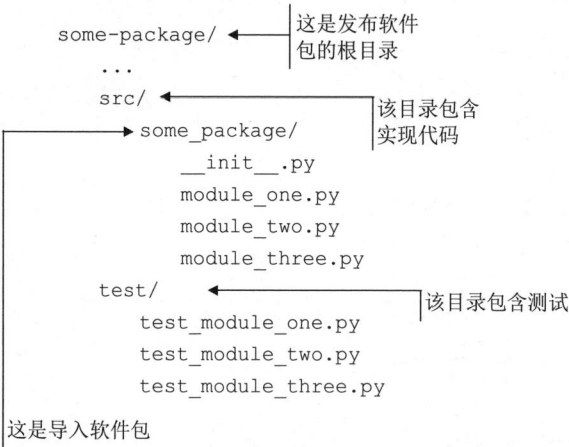

```
some-package/ ◄──────  这是发布软件
    ...                 包的根目录
    src/ ◄─────────────────────  该目录包含
        some_package/            实现代码
            __init__.py
            module_one.py
            module_two.py
            module_three.py
        test/ ◄─────────────────  该目录包含测试
            test_module_one.py
            test_module_two.py
            test_module_three.py
这是导入软件包
```

注意：第 5 章将讲解更多有关测试打包代码的内容。

这种方法还能让偶然发现项目的人更清楚地了解每个顶层目录的目的：src/目录用于存放实现代码，而 test/目录用于存放测试这些实现的代码。将测试与实现分离开来，也就解除了这两个区域的结构耦合。虽然测试和实现采用类似的层次结构是很合理的,但并不意味着必须受此约束。

练习 3.1

为软件包创建布局。应创建以下结构件:

● 一个 src/目录。

● 一个 test/目录。

● 一个名为 imppkg 的导入软件包,其中包含一个名为 hello.py 的空模块。

创建完成后,除了本章前面创建的文件,还应该包括以下目录和文件:

```
first-python-package/
  ...
  src/
    imppkg/
      __init__.py
      hello.py
  test/
```

运行构建过程并解压缩发布软件包文件后,你发现少了什么吗?缺少 imppkg 代码文件。由于项目布局的灵活性,以及可以在单个发布软件包中发布多个可导入的软件包,某些构建系统会需要更详细的信息才能发现该代码。为了让 Setuptools 正确工作,它需要了解以下内容:

● 在哪些目录中查找软件包。

● 要查找的特定(子)软件包的名称,或自动递归查找所有软件包的指令。

● 如果需要,如何将找到的软件包目录映射到不同的导入名称。

可以通过 setup.cfg 中的以下附加部分和字段来创建所需的布局:

● [options]——该部分为 Setuptools 软件包构建提供了附加

选项。

- [options].package_dir——这是一个键值对列表，用于将发现的目录映射到导入路径。空键表示"根"，这样，映射到根目录的任何目录都将从导入路径中移除，只包含其子目录。
- [options].packages——这要么是一个明确的软件包列表，要么是一个特殊的告诉 Setuptools 递归搜索所有软件包的 find:指令。find:通常是最好的选择，因为以后添加新软件包时无须更新。
- [options.packages.find]——此部分提供了由 find:指令触发的 Setuptools 软件包发现过程的选项。
- [options.packages.find].where——这将告诉 Setuptools 在哪个目录中查找软件包。

现在，将这些选项添加到 setup.cfg 中。配置应与代码清单 3.3 类似。

代码清单 3.3　使用 Setuptools 发现软件包的配置

```
将根目录映射到 src，这样只有它
的子目录才会包含在导入路径中              配置哪些目录应映射
    ...                                  到哪些导入目录

    [options]
    package_dir =                        告诉 Setuptools 自动查找
      =src                               软件包，而不是列出它们
    packages = find:

    [options.packages.find]             为 find:指令提供
    where = src                         附加选项

                                        告诉 Setuptools 在 src/目录中查找软件包
```

此配置会通知 Setuptools 搜索 src/目录，找到 imppkg 包后会将 src/imppkg/目录映射到 imppkg 导入软件包，并将 imppkg/目录中的任何模块包含到发布软件包中。

值得注意的是，该配置并未包含 test/目录中的任何内容。将测

试排除在发布软件包之外是一种常见做法，这样可以减少软件包的大小，而且用户通常也不需要进行第三方软件包的测试。

提示：你可能希望在 options.packages.find 中添加一个字段，明确地将任何测试模块排除在软件包之外，以防将来可能出现的测试模块不小心被放置在 test/ 目录之外的情况，如下所示：

```
...
exclude =
    test*
```

这将从发布软件包中排除任何以 test 开头的(子)软件包。

运行构建过程，再次解压缩发布软件包。这一次，它包含了 imppkg 软件包及其 hello.py 模块。这样，构建就成功了！虽然已经成功打包了 Python 文件，但还需要进行一项配置，以确保非 Python 文件包含在软件包中。

3.4　在软件包中包含非 Python 文件

CarCorp 公司已经收到了你的最新软件包，也处理了已经修复的错误。遗憾的是，一个新的错误又出现了——包含输入数据的 JSON 文件似乎丢失了！

至此已经成功打包了 Python 代码和元数据，但还没有考虑到非 Python 文件。接下来在与 hello.py 模块相同的目录下创建一个 data.json 文件。运行构建过程，会发现发布软件包中没有 data.json 文件。

使用 Setuptools 时，包含非 Python 文件的最直接方法之一就是使用 MANIFEST.in 文件。该文件包含一些指令，用于指定如何处理匹配的文件集。这些指令涉及包含或排除，并有不同的粒度(见图 3.3)。

最快捷的方法之一是包含 src/ 目录中的所有文件，并递归排除 Python 生成的某些文件。为此，可以在项目根目录下创建 MANIFEST.in 文件，内容如下：

```
        graft src ◄──────────────────────────────
    ┌──► recursive-exclude __pycache__ *.py[cod]
```

包含 src/目录中的所有文件……

……__pycache__ 目录或以.pyc、.pyo 或.pyd 结尾的文件除外

recursive-include指令接受相对于软件包根目录的目录路径模式和文件路径模式。匹配目录中的所有符合模式的文件都会包含在内

graft指令接受一个目录名。该目录及其子目录中的所有文件都会包含在内

include指令接受相对于软件包根目录的文件路径模式。该指令使用起来相对烦琐

global-include指令接受文件路径模式。根目录或其子目录中的所有匹配文件都会包含在内

```
include src/pkg/*.json
include *.json                  recursive-include src *.json    global-include *.txt            graft src
```

exclude、recursive-exclude、global-exclude和prune指令的作用与包含指令类似，都是显式地排除文件，而非将其包含在软件包中

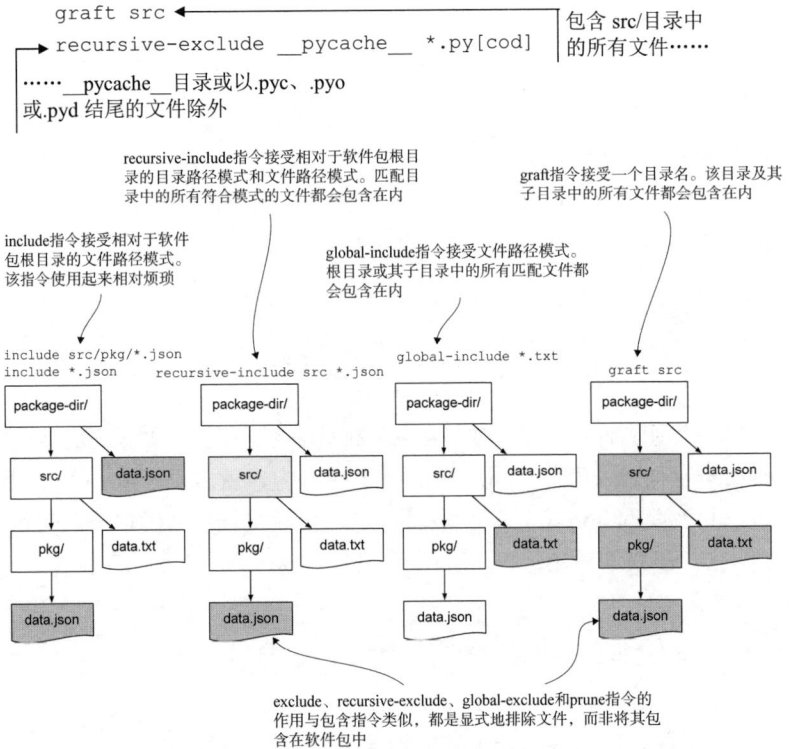

图 3.3   MANIFEST.in 文件指令在软件包中包含非 Python 文件

运行构建过程并检查 data.json 文件的源代码发布软件包。现在，使用以下命令检查二进制 wheel 发布软件包：

```
$ unzip -l first_python_package-0.0.1-py3-none-any.whl
```

列出 ZIP 压缩包的内容，而不需要解压缩

data.json 文件不存在。可以在 setup.cfg 文件的[options]部分添加以下字段，告诉 Setuptools 将源代码发布软件包中包含的任何非 Python 文件也包含到二进制发布软件包中：

```
...
include_package_data = True
```

二进制 wheel 发布文件现已配置为包含 data.json 文件。

练习 3.2

再次运行构建过程，并解压缩两个发布软件包。列出软件包的内容，并确认 data.json 文件是否存在。作为参考，每个发布软件包中的该文件都位于以下位置：

```
$ ls <unpacked sdist>/src/imppkg/
__init__.py
data.json
hello.py

$ ls <unpacked bdist_wheel>/imppkg/
__init__.py
data.json
hello.py
```

至此，我们已经学会了如何将源代码、元数据和支持文件打包成单一文件的发布软件包，了解了 Python 构建系统的不同部分，以及它们如何相互协作生成软件包文件。我们已为学习第 4 章做了充足的准备，第 4 章将学习项目的具体细节、安装第三方依赖项以及构建针对多个目标系统的软件包。

3.5　小结

- Python 软件包的构建需要构建前端和后端、源代码和元数据。
- 构建前端和后端可以互换，但应使用相同的核心工作流。
- 软件包依靠核心所需的元数据来正确构建，而系统则依靠额外的元数据来提供丰富的发现和浏览体验。
- 不同项目的结构可能不同，必须对构建后端进行相应配置，以打包正确的代码。
- 构建后端可能需要额外的配置才能正确打包非 Python 文件。

第 II 部分

创建可行的软件包

为什么要创建软件包？可能是因为想与团队共享一些代码，以便在多个项目中使用。也可能是想创建一个命令行界面，供其他人安装和运行。或者，可能需要将 C 语言等低级语言中的高性能代码抽象为 Python 语言中易于使用的交互层。面对构建软件包的各种原因和方法，你可能感到头晕目眩，但请不要绝望。

本部分将把打包项目看作是一个由多个移动部件组成的管道(pipeline)[①]，并建立一个编排流程来管理这一切。项目中的实际工具和活动可以帮助你建立信心，形成肌肉记忆，并确保你以后能够在管道中改变或添加新的活动。虽然可能性无穷无尽，但方向还是由你来掌控，一切尽在掌控之中。

---

① pipeline 可翻译为"管道"和"流程"，但为了与"workflow(流程)"区别，本书中将 pipeline 统一翻译为"管道"。

第 *4* 章

处理软件包依赖项、入口点和扩展

本章涵盖如下内容：
- 为软件包定义依赖项
- 将功能以命令行工具的形式提供
- 将用 C 语言编写的扩展打包

正当你准备开始为 CarCorp 公司的 Python 软件包添加突破性的功能时，他们打来电话提出了一些最后的要求。他们希望能够确保程序的运行速度非常快，而且可以作为独立命令运行，因为他们的开发人员不像你一样精通 Python。你甚至还没有交付软件包的第一个版本，需求就已经越来越多了！在你惊慌失措之前，请深呼吸并阅读本章以了解更多内容。

重点：可以使用配套代码(http://mng.bz/Xa0M)检查本章练习的完成情况。

4.1   车辆漂移计算软件包

假设为 CarCorp 公司开发的软件将帮助他们在道路上引导车辆。在测试过程中，他们发现车辆在道路上的漂移现象比预期的要严重，于是开始测量漂移量。虽然他们掌握了原始数据，但却没有一个很好的方法来衡量任何潜在改进所带来的影响。

你正在构建的软件包将为 CarCorp 公司提供实用工具，以帮助他们深入了解这一问题。你要做的第一件事就是提供一种方法，以毫米/秒为单位计算给定距离内的平均漂移。在每次通过 5 公里长的测试路线时，车辆会进行约 100 万次的漂移率测量。软件包将以浮点数列表的形式读取这些测量值，并计算其调和平均数。

> **调和平均数**
>
> 调和平均数不同于更常见的算术平均数，当需要计算的是平均比率而非比率的平均值时，调和平均数是正确的计算方法。Peter A. Lindstrom 在 *The Average of Rates and the Average Rate* (http://mng. bz/19n1)一书中列举了一些例子。

将测量总数除以测量值的倒数之和，就可以计算出漂移的调和平均数：

$$H = \frac{N_{measurements}}{\dfrac{1}{m_1} + \dfrac{1}{m_2} + \dfrac{1}{m_3} + \ldots}$$

如果有 100 万个输入，那么计算就可能需要一些时间。你可以理解为什么 CarCorp 强调他们需要高效的运行速度。在检查代码性能时，最好的做法是对代码进行剖析，而不是猜测改进的影响(参见 Dane Hillard，"Designing for High Performance"，*Practices of the Python Pro*，Manning Publications，2020，72-76，http://mng.bz/m2N0)。在深入研究之前，必须先观察 Python 版本的表现。

练习 4.1

在项目根目录下创建 harmonic_mean.py 模块。在该模块中，编写一个 harmonic_mean 函数，接受一个任意长的浮点数列表，并返回它们的调和平均数。

现在已经编写了计算调和平均数的 Python 实现，可以使用内置的 timeit 模块(https://docs.python.org/3/library/timeit.html)来测量其性能。在对代码进行性能剖析时，应将要评估的代码缩减到最小性能测量单元，以确保在比较不同的解决方案时能得到准确的结果。通过将设置代码作为字符串传递给--setup 选项，timeit 模块可以将设置代码与要测量的代码分开。设置代码只运行一次，且不会计入代码的测量时间。可以使用 py -m timeit 和任何需要传递的参数直接调用该模块。可以多次使用--setup 选项来分隔多个表达式，也可以只使用该选项一次，而通过分号分隔表达式，如以下代码所示：

```
$ py -m timeit \          ◄───────  多个设置表达式可以
    --setup '<SETUP EXPRESSION 1>' \        被分隔成多个参数
    --setup '<SETUP EXPRESSION 2>' \
    '<MEASURED CODE>`

$ py -m timeit \          ◄──────────────────────────┐
    --setup '<SETUP EXPRESSION 1>; <SETUP EXPRESSION 2>' \
    '<MEASURED CODE>'
                                    也可以在单个参数中用
                                    分号分隔设置表达式
```

为避免性能测量中的设置开销，应在设置步骤中完成所有导入操作并创建数据输入。由于需要使用 harmonic_mean 函数和 random.randint 函数，因此应将它们作为设置步骤的一部分进行导入。若还希望根据一组真实数据来衡量 harmonic_mean 的性能，也可以在设置步骤中创建一个随机整数列表，然后在执行步骤中将该列表传递给 harmonic_mean 函数。该命令应该与下面的代码段类似：

导入要测量的函数

```
$ py -m timeit \
    --setup 'from harmonic_mean import harmonic_mean' \
    --setup 'from random import randint' \
    --setup 'nums = [randint(1, 1_000_000)
➡   for _ in range(1_000_000)]' \
    'harmonic_mean(nums)'
```

导入设置所需的
辅助函数

提前创建数据输入

在执行过程中只使用
要测量的函数

现在运行该命令。timeit模块将打印出配置文件的统计数据，包括

- 为获得平均执行时间(测量循环)而运行代码的次数
- 运行了多少组测量循环
- 所有测量循环集的最佳执行时间

下面的代码段显示了 harmonic_mean 函数在我的 MacBook Pro(内存容量为 16 GB，6 核处理器的频率为 2.2 GHz)上运行情况的统计结果:

```
5 loops, best of 5: 52.8 msec per loop
```

timeit 模块运行了 5 组 5 次测量循环，最终发现调用 harmonic_mean 的平均运行时间短至 52.8 毫秒。你可能会看到类似的结果，但需要注意的是，这些结果会因硬件差异以及计算机在测量时的其他用途而有所不同。timeit 模块试图通过多次测量循环来综合考虑这些因素。最后，重要的是要记住，配置应采用一种相对的方式来比较两种解决方案的优劣。

建议将配置结果保存在某个地方以备日后参考，因为接下来便可以看到如何将计算速度提高到 CarCorp 公司所期望的水平。

4.2   为 Python 创建 C 扩展

当编写代码或安装第三方软件包时，对软件功能的扩展会超出

Python 本身所能提供的范围。但通常情况下，仍然会使用 Python 来实现这种扩展。正如可以使用软件包来扩展功能一样，也可以创建和使用其他语言编写的扩展来提高性能。因为 Python 的参考解释器是用 C 语言编写的，所以 C 是这些扩展的常见选择，但也有人用 C++(http://mng.bz/M0om)、Rust(http://mng.bz/aPwY)甚至 Fortran(http://mng.bz/gRgn)编写扩展。

第 3 章学习了 Python 构建后端，并使用 Setuptools 构建了软件包的框架。Setuptools 具有从其他语言构建扩展的强大能力。不同的构建后端对扩展的支持程度各不相同。在考虑更换构建后端时，应考虑候选后端是否能满足你在这方面的需求。接下来，我们将继续使用 Setuptools 将 C 扩展集成到软件包中。

4.2.1　创建 C 扩展源代码

有关如何在 Python 中使用 C 代码的详细介绍已经超出了本书的讨论范围，但由于扩展模块是数值编程的一种常见需求，因此学习如何将它们集成到 Python 软件包中是很重要的。就像 Python 构建后端和前端一样，扩展模块及其构建工具可以根据需要在项目中互换，具体使用哪种工具，以及如何使用则取决于你所选择的工具及其细节。

这里我们先了解一个门槛较低的可用选项，使用 Cython(https://cython.org/)将 harmonic_mean 函数转换为 C 扩展。不要把 Cython 与 Python 的参考实现 CPython 混淆，Cython 是一种用于创建 Python C 扩展的编译器和语言。Cython 语言是 Python 的超集，其最基本的功能是加速 Python 代码，而无须进行全面修改。Cython 编译器会将 Cython 源代码转换为优化的 C 代码，然后在软件包的编译过程中进行编译(见图 4.1)。

Cython 源文件以.pyx 结尾，可以包含 Python 或 Cython 代码。由于 Cython 语言是 Python 的超集，因此有效的 Python 程序也是有效的 Cython 程序。将 harmonic_mean.py 模块重命名为 harmonic_mean.pyx，并将其移入 src/imppkg/目录。现在就有了 Cython 源代码

文件，还需要将 Cython 集成到软件包的构建过程中。

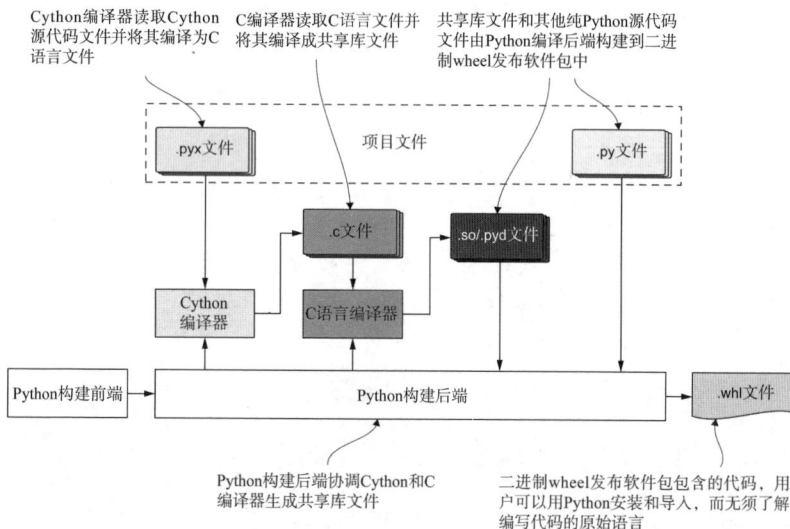

图 4.1　扩展模块会被编译成共享库文件，这些共享库文件随后会被构建到二进制 wheel 发布软件包中

4.2.2　将 Cython 集成到 Python 软件包构建中

第 3 章曾提及可以在 pyproject.toml 文件中为 Python 软件包的构建过程指定依赖项。Cython 本身就是一个 Python 软件包，因此可以将它添加到构建依赖项列表中。这将确保 Cython 在构建开始前就已安装，并可将 Cython 文件转换为 C 代码进行编译。现在更新 pyproject.toml 文件构建系统部分的 requires 值，使其包含"cython"。

接下来，需要确保软件包中包含了 Cython 源文件。如第 3 章所述，在使用 Setuptools 时，可以使用 MANIFEST.in 文件在软件包中包含非 Python 文件。当时，我们使用了 graft 指令来包含 src/目录中的所有非 Python 源文件。因此也自动包含了所有的.pyx 文件。现在，使用 pyproject-build 命令运行构建过程，并最后确认 Cython 文件是否如预期那样出现在软件包中。

现在，已经创建了 Cython 代码并将其包含在软件包中，还需要告诉 Cython 将其转换为 C 代码以便编译。如果没有这一步，那么在 CarCorp 公司的朋友就只能收到让他们抓狂的原始的.pyx 文件。要运行 Cython，还需要创建一个名为 setup.py 的文件。

为什么 setup.py 文件被广泛使用？

setup.py 文件很早便成为 Python 打包生态系统的一部分，甚至比 Setuptools 还早。它于 2000 年被引入 PEP 229(https://www.python.org/dev/peps/pep-0229/)，目的是集中管理打包配置。虽然很多软件包可能仍在使用 setup.py，而且对于某些用例而言它仍旧是必要的，但从长远来看，第 2 章和第 3 章中学到的新的构建工作流和工具将会逐渐取代之。对于不需要在构建时确定任何动态信息的纯 Python 软件包而言，在使用 Setuptools 作为构建后端时，可以使用 pyproject.toml 来定义构建配置，并使用 setup.cfg 来进行一些额外的配置。

练习 4.2

在项目根目录下创建 setup.py 模块。该模块必须完成以下工作：

(1) 导入 setuptools.setup 函数，以便连接到构建过程；

(2) 导入 Cython.Build.cythonize 函数，用于识别需要转换的 Cython 文件；

(3) 使用 Cython 文件的路径(相对于项目根目录)调用 cythonize；

(4) 调用 setup 函数，并将 ext_modules 关键字参数设置为 cythonize 调用的结果。

至此，我们已创建 setup.py 模块，并对它进行了配置，它将把 Cython 文件转换为 C 代码，然后在软件包构建过程中进行编译。运行构建，就会在输出中看到以下新行，它们可以帮助验证构建是否按预期进行：

- Cython 已作为构建依赖项安装；
- Cython 文件被拉入源代码发布软件包；

- 对 setuptools.setup 的调用触发了 build_ext 进程；
- 扩展会被编译成二进制文件(macOS 和 Linux 为.so，Windows 为.pyd)，并添加到二进制 wheel 发布软件包中。

```
...
Collecting cython  ◄────┤Cython 作为构建依赖项
...                         被安装
copying src/imppkg/harmonic_mean.pyx
➥ -> first-python-package-0.0.1/src/imppkg ◄─── Cython 文件会
...                                              被复制到源代码
running build_ext  ◄────                          发布软件包中
building 'harmonic_mean' extension
...                      │Setuptools 会构建扩展
adding 'harmonic_mean.cpython-39-darwin.so'  ◄───
```

创建的二进制文件会被复制到二进制 wheel 发布软件包中

此外，还会在 dist/目录中看到二进制 wheel 发布文件的名称发生了变化。之前的文件名是first_python_package-0.0.1-py3-none-any.whl。现在，其名称将取决于使用的系统和 Python 版本。例如，在使用 Python 3.10 的 MacBook Pro 上，文件名是 first_python_package-0.0.1-cp310-cp310-macosx_11_0_x86_64.whl。本章的后面将进一步讲解发生这种变化的原因。接下来，请继续学习 4.2.3 节的内容，安装 harmonic_ mean 函数的 C 扩展版本并对其进行配置。

4.2.3　安装并配置 C 扩展程序

至此，已经多次构建了软件包，但还没有进行过安装。第 2 章在软件包根目录下的.venv/目录中创建了一个虚拟环境。可以使用这个环境来测试软件包的安装情况。使用 pip 模块即可在项目根目录下使用以下命令安装软件包。.表示 pip 应将当前目录作为一个软件包进行安装：

```
$ py -m pip install .  ◄────┤在当前目录下安装此软件包
```

命令执行完毕后，first-python-package 软件包就被安装好了，就

像从 PyPI 安装一样！仍然可以导入 harmonic_mean 模块并使用
harmonic_mean 函数，但不同的是，这次它将解析已安装的软件包，
而非直接从源代码中导入。可以在 Python 解释器中进行尝试，如以
下代码段所示：

```
$ py
...
>>> from imppkg.harmonic_mean import harmonic_mean
>>> harmonic_mean([0.65, 0.7])
0.674074074074074
```

因为纯 Python 版本可作为 harmonic_mean.harmonic_mean 导入，
而 C 语言扩展则只从 imppkg.harmonic_mean.harmonic_mean 导入，
所以需要更新设置步骤以配置这一新的实现。

> **练习 4.3**
>
> 运行命令来测量 harmonic_mean 函数 C 扩展版本的性能。与之
> 前一样，设置步骤应执行以下操作：
> - 导入 harmonic_mean 函数；
> - 导入 random.randint；
> - 使用内置的 random.randint 函数创建一个包含 100 万个随
>   机数(范围为在1～1000)的列表。
>
> 测量的代码应该只是调用 harmonic_mean 函数，并将随机数列
> 表作为输入。

那么，结果是什么？将这次的结果与之前纯 Python 实现的测量
结果进行比较。你会发现，并没有改变必须编写的代码——只是改
变了文件名，并告诉了 Cython 如何处理它。在我的系统中，仅这一
改动就带来了以下统计结果：

```
20 loops, best of 5: 18.5 msec per loop
```

没错，C 语言扩展版代码的运行速度非常快，仅需 18.5 毫秒，

比纯 Python 实现快了近 3 倍。而 Cython 在幕后完成了所有繁重的工作！接下来看看二进制 wheel 发布文件怎么样了？

4.2.4　二进制 wheel 发布文件的构建目标

尽管使用 Cython 能轻而易举地获得这样的性能提升，但也并非没有代价。单独使用 Python 编写软件包时，它们具有极高的可移植性——任何运行兼容 Python 版本的系统都可以运行这些代码。但一旦引入必须编译的代码，一切就都变了。

一些性能卓越的编程语言通过静态类型、预定义内存分配和运行前的编译步骤来提升速度。这些特性在计算繁重的情况下非常有价值。遗憾的是，这些功能中的许多都依赖于对计算机架构和操作系统的深入理解。性能往往是通过利用这些系统的功能和行为获得的，因此在一个地方有效的功能不一定在另一个地方同样有效。在最糟糕的情况下，如果在错误的环境中运行，可能会导致内存损坏和执行失败。

由于执行上的细微差别，这些语言的源代码通常必须针对各个架构和操作系统单独编译。再看一下 dist/ 目录中的二进制 wheel 发布文件。文件名被分为几个重要部分(见图 4.2)。前两个部分是规范化的软件包名称和版本。后面可能还有一个可选的版本号。最后 3 个部分是标识二进制 wheel 兼容性的标签，如下所示：

- Python 版本——代码必须在哪个 Python 实现版本上运行；
- 应用程序二进制接口(ABI)——编译代码的二进制如何组织；
- 平台——代码必须在哪种操作系统和 CPU 架构上运行。

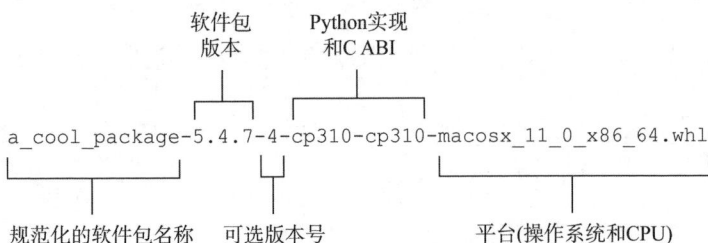

图 4.2　剖析二进制 wheel 发布文件名

安装软件包时，软件包管理器会确定哪些二进制 wheel 发布软件包可用，并使用这些标签来确定应为系统下载哪些二进制 wheel 发布软件包。例如，二进制 wheel 发布文件 first_python_package-0.0.1-cp310-cp310-macosx_11_0_x86_64.whl 与 CPython 3.10 实现、CPython 3.10 API 和运行在 x86 64 位 CPU 架构上的 macOS 11 操作系统兼容。

注意，其中 3 个文件名分段与需要构建的二进制 wheel 发布软件包的数量有关，这些分段用于构建所有可能的目标版本。幸运的是，前两段——Python 实现和 ABI 版本——通常是相同的。另外，有些操作系统可以运行在不同的 CPU 架构上，因此一个标签实际上包含了两方面的信息。这归根结底取决于你想要支持的 Python 实现、操作系统和 CPU 架构。这意味着需要构建的二进制 wheel 发布软件包的数量大致等于：

$$N_{\text{Python实现}} \cdot N_{\text{操作系统}} \cdot N_{\text{CPU架构}}$$

例如，在撰写本书时，NumPy 项目(https://numpy.org/)支持 CPython3.7、3.8 和 3.9 及 PyPy 3.7。它支持 MacOS、Linux 和 Windows 系统的不同架构。总之，NumPy 的每次发布都会提供 27 个 wheel。听起来工作量很大，而这也许就是一名孤独的维护者要面对的现实。但是，由于 NumPy 在科学界构建高性能数值软件的过程中发挥着核心作用，因此项目维护者愿意不厌其烦地付出努力，以满足用户对性能的所有需求。

4.2.5　指定所需的 Python 版本

你可能需要构建只与特定 Python 版本的功能或语法兼容的软件包。在这种情况下，最好在 setup.cfg 文件中指定这一点，因为在最终发布软件包时，只有当用户使用兼容的 Python 版本安装软件包时，软件包才可用。这样可以减少混乱和意外。

可以在 setup.cfg 文件的[options]部分使用 python_requires 关键字来指定所需的 Python 版本或版本范围，同样遵循 PEP 440(https://

peps.python.org/pep-0440/)标准。现在就把这个配置添加到 setup.cfg
文件中。它应该如下所示：

```
[options]
...
python_requires = >=3.9
```

当用户尝试使用 Python 3.8 或更早版本安装软件包时，就会出
现一条信息：没有可用的兼容版本。

到目前为止，已经构建了一个纯 Python wheel 和一个特定于你
的 Python 实现和平台的 wheel。这似乎与 NumPy 等项目的运行规模
相去甚远。幸运的是，一些工具的出现减轻了构建这些 wheel 的负
担，第 7 章将介绍更多内容。现在，你应该庆幸自己已经构建了一
个可以工作的 Python 软件包，并准备好处理来自 CarCorp 公司的第
二个请求。

4.3　通过 Python 软件包提供命令行工具

CarCorp 公司希望能够运行独立的命令来快速计算调和平均数。
他们熟悉在 shell 中运行命令，但不熟悉使用 Python 编写和运行脚
本。幸运的是，大多数 Python 构建系统都支持这一点。可以告诉这
些系统，作为安装过程的一部分，应该将代码的某些部分以可运行
命令的形式进行解耦。下面的章节将介绍 Setuptools 如何处理这种
用例。

使用 Setuptools 入口点创建命令

Setuptools 可以通过所谓的入口点(entry point)为用户提供命令。
入口点就像一扇门，作为进出一个地方的通道。Setuptools 入口点以
一种可发现的方式提供了访问软件包功能的途径。提供命名的命令
就是公开入口点的一种方式。

你可能很熟悉 if __name__ == "__main__":这种语法，它在许多 Python 脚本中作为命令行使用。运行 Python some.py 命令时，some.py 中的 __name__ 会变成"__main__"，此时条件中的代码将运行。命令是这一概念的一个更通用、更灵活的版本。从高层来看，在 Setuptools 中创建命令，就是将命令名称映射到函数的以点分隔的模块路径上。假设，想让一个名为 harmony 的命令提供 imppkg. harmonic_mean. harmonic_mean 函数的计算功能。不需要运行 Python harmonic_mean.py，也不需要在代码中使用 if __name__ =="__main__"来响应命令，而是可以通过一个入口点来运行 harmony 命令，并指向一个函数，该函数会使用命令行参数来调用 imppkg.harmonic_mean.harmonic_ mean(见表 4.1)。

表 4.1　执行 Python 模块代码的不同方法

方法	命令	安装要求	优点	缺点
直接执行模块	`$ py /path/to/ package/src/imppkg/ harmony.py [args]`	否		代码中的导入可能不起作用
作为可导入模块执行	`$ py -m imppkg.harmony [args]`	否(对任何可导入代码都有效)	代码内的导入有效	长命令，需要了解软件包结构
作为入口点执行	`$ harmony [args]`	是	命令简短，不需要了解软件包结构	

若要创建命令入口点，首先应创建处理程序函数。

练习 4.4

在 src/imppkg/目录中添加一个新的 Python 模块，名为 harmony.py。在该模块中，创建一个主函数，它将

- 使用 sys.argv 从命令行获取参数；
- 将参数转换为浮点数列表；
- 调用 imppkg.harmonic_mean.harmonic_mean，并传入数字列表；

● 打印计算出的数字平均值。

记住要导入 sys 和 imppkg.harmonic_mean.harmonic_mean。

处理程序函数就绪后，接下来需要配置 Setuptools 使其成为一条可用的命令。可以在 setup.cfg 文件的[options.entry_points]部分设置 Setuptools 去哪里查找该命令。该部分是一个表格，它将入口点组映射到(命令名称、处理程序函数)对。对于命令而言，入口点组是 console_scripts。在之前的打包经历中，你已经使用过一个控制台脚本：构建工具提供了作为控制台脚本的 pyproject-build 命令(http://mng.bz/2nBX)。

还有哪些入口点类型？

Setuptools 的入口点系统非常灵活。console_scripts 组是创建命令行工具时采用的一种约定俗成的方式，也可以使用任何有效的字符串。如果不同的软件包在入口点约定上达成一致，那么可以通过这种约定来协调彼此的功能，从而为构建基于插件的架构提供可能。流行的测试软件包 pytest (详见第 5 章)就采用了这种方法，它支持其他人编写测试插件(http://mng.bz/R4jP)。

不同的软件包可以互相找到对方的软件，而不必提前了解具体细节，这对可扩展性来说是一个强大的功能(参见 Dane Hillard, *Extensibility and Flexibility*，Manning Publications，2020，147-142，http://mng.bz/m2N0)。如果想构建一个不需要自己参与就能让他人扩展的软件包，那么这就是一个值得深入研究的领域。

现在就编写入口点部分。它应该类似如下的代码段：

```
...                        Setuptools 在何
                           处寻找入口点          创建可运行命令的组

[options.entry_points]  ◄─────────────
console_scripts =  ◄────────────────────    将命令名称映射到
    harmony = imppkg.harmony:main  ◄─────    处理程序函数
```

既然有了处理程序函数，并且 Setuptools 也知道要通过 harmony 命令使其可用，那么现在就该验证它是否能正常工作了。现在将软件包重新安装到虚拟环境中。完成后，在项目根目录下运行以下命令：

```
$ ./.venv/bin/harmony 0.65 0.7
```

输出结果如下：

```
0.674074074074074
```

提示：注意，必须为命令添加.venv/bin/前缀。然而，当用户将软件包安装到其已激活的虚拟环境或 Python 基础版本中时，安装的命令会自动添加到系统的 PATH 中，此时前缀就不是必需的了。

现在已经有了一个可构建、可安装的 Python 软件包，可以快速计算调和平均数。你确信已经满足了 CarCorp 公司的功能需求，于是决定用一些他们未曾期待的东西来给他们一个惊喜。因为在控制台中工作通常意味着要在很多命令行文本中找到自己所需的那一行命令，所以你希望 harmony 输出能够真正引人注目。思来想去，你决定为输出添加彩色文本以提升视觉效果，但苦于没有时间学习 ANSI 转义序列，于是想安装另一个软件包来处理这个问题。

4.4　指定 Python 软件包的依赖项

到目前为止，软件包还未依赖任何第三方 Python 软件包。现在你想添加一个，使用pip 将其直接安装到虚拟环境中可能是个诱人的选择。遗憾的是，这对你的用户不起作用，因为他们也需要自己安装这个包。由第 1 章可知：软件包管理系统的主要价值在于依赖项的解析和安装。你真正应该做的是向 Python 软件包管理工具说明软件包有依赖项，然后让这些工具为你管理安装过程。这不仅能帮助你获得依赖项，还能帮助你的用户获得依赖项。一举两得！

指定软件包的依赖项与我们熟悉的使用 requirements.txt 文件列出依赖项的方法类似，但有以下两个关键区别：

- 需要在构建系统能够识别的地方指定依赖项，以便包管理器能够自动解析这些元数据并完成依赖项的安装。
- 应尽可能松散地指定依赖项，以便为用户提供最大的兼容性。

重点：软件包应避免在不必要的情况下被锁定为特定的软件包版本。假设你和我各自创建了一个软件包，它们都依赖 requests 软件包。现在，有人希望在自己的项目中同时使用它们。他们先安装你的软件包，但当他们尝试安装我的软件包时，却遇到一个错误提示：我的软件包依赖 requests==2.1.1，而你的软件包依赖 requests==2.1.2。这个问题无解，因为解决了一个软件包的问题，就无法解决另一个软件包带来的问题。

如果让软件包都依赖 requests>=2.1.1,<3 的版本，那么任何大于 2.1.0 且小于 3.X 的 requests 版本都能为用户所用。随着用户安装的软件包越来越多，依赖项的规范也越来越多，这就确保了我们不会不必要地限制有效依赖项组合的范围。

对软件包使用较宽松的依赖项定义，还有一个好处是可以更快地发现上游软件包导致的问题。如果使用一个精确的版本达 6 个月之久，然后再尝试升级，就可能会发现一系列问题，不得不花一整天的时间来处理这些版本不兼容问题。如果松散地定义依赖项，那么在开发和测试过程中，只要重新安装软件包的依赖项，就能及时发现这些问题。虽然频繁处理这些新问题，一开始可能会让人望而生畏，但你会喜欢上定期迭代处理相对较小的更改，而不是每隔几个月就得去扑灭一场早已预见的"大火"。

Setuptools 会在 setup.cfg 文件[options]部分的 install_requires 关键字中查找软件包依赖项。install_requires 值是一个依赖项列表，使用与 requirements.txt 文件中相同的语法来指定。要为 harmony 命令

的输出添加一些颜色，可以使用 termcolor 软件包。截至本书撰写之时，termcolor 的最新发布版本是 1.1.0。因为不打算测试早期版本，而且相信它们会在 2.0.0 版本发布前维护现有功能，所以可以直接指定 termcolor>=1.1.0,<2 作为版本要求。

现在添加 install_requires 关键字。如下面的代码段所示：

```
[options]
...
install_requires =
    termcolor>=1.1.0,<2
```

接下来，安装软件包时，pip 也会下载并安装 termcolor 的最新 1.X 版本。一旦安装完成，就可以在 harmony.py 模块中使用 termcolor。为了增强输出效果，可以导入并使用 termcolor.cprint 函数，而不是使用内置的 print 函数来打印调和平均数的计算结果。与 print 函数相比，该函数接受更多参数：

- 一个可选的前景色指定符，如'red'或'green'；
- 一个可选的背景色指定符，如'on_cyan'或'on_red'；
- 用于样式的 attrs 列表，如['bold', 'italic']。

练习 4.5

用 termcolor.cprint 调用来代替 harmony.py 模块中的 print 调用。文本应为粗体、青底红字。重新安装软件包并重新运行 harmony 命令，确认输出结果与预期一致。

看起来壮观吗？如果还不满意，可以调整 termcolor 的值，找到自己喜欢的配色方案。

现在，一切相当完美了，可以考虑将其发送给 CarCorp 公司了。不过，有种不祥的预感，他们很快就会提出更多功能需求。可以继续阅读第 5 章，了解如何集成测试套件，以验证随着软件包的增长所做的更改。

练习答案

4.1

```
def harmonic_mean(nums):
    return len(nums) / sum(1 / num for num in nums)
```

4.2

```
from setuptools import setup
from Cython.Build import cythonize

setup(
    ext_modules=cythonize("src/imppkg/harmonic_mean.pyx"),
)
```

4.3

```
$ py -m timeit \
  --setup 'from imppkg.harmonic_mean import harmonic_mean' \
  --setup 'from random import randint' \
  --setup 'nums = [randint(1, 1_000_000) for _ in range 1_000_000)]' \
    'harmonic_mean(nums)'
```

4.4

```
import sys

from imppkg.harmonic_mean import harmonic_mean


def main():
    nums = [float(arg) for arg in sys.argv[1:]]
    print(harmonic_mean(nums))
```

4.5

```
...

from termcolor import cprint
```

```
...

cprint(harmonic_mean(nums), 'red', 'on_cyan', attrs=['bold'])
```

4.5　小结

- 可以使用 Cython 这样的高级转换层来探索非 Python 扩展。
- 提供非 Python 扩展可提高运行时性能，但会增加构建时的复杂性，无论是对你还是对用户都是如此。
- 软件包的入口点提供了更多与软件包行为交互的方式，而不仅限于导入代码。
- 利用软件包管理系统的强大功能，可以轻松地处理依赖项解析。

第 *5* 章

构建和维护测试套件

本章涵盖如下内容：
- 使用 pytest 运行单元测试
- 利用 pytest-cov 创建测试覆盖率报告
- 利用参数化来减少重复测试代码
- 使用 tox 自动打包测试
- 创建测试矩阵

在计划维护类项目中，测试是不可或缺的重要方面。测试不仅可以确保新功能的运行符合预期，还能确保现有功能没有退化。测试是重构代码的护栏——这是项目成熟过程中的常见活动。

有了测试提供的这些价值，你可能会认为所有的开源软件包都会经过彻底的测试。但是，由于存在维护成本，许多项目都忽略了代码覆盖率或多目标平台测试等工作。有些维护者甚至会因为设计和运行测试套件的方式不当，在不知不觉中增加了维护的负担。本章将介绍测试带来的益处，以及如何将测试有效地引入软件包的测试套件中，并着眼于测试的自动化和可扩展性。

如果对单元测试概念还很陌生，建议先阅读 Roy Osherove 的 *The Art of Unit Testing*(单元测试的艺术)第 3 版(Manning 出版社，2023 年，http://mng.bz/YKGj)来了解这些概念。

重点：可以使用配套代码(http://mng.bz/69A5)检查本章练习的完成情况。

5.1　集成测试设置

构建鲁棒测试套件的第一步是配置一个测试运行器来运行项目的所有测试。如果过去使用过内置的 unittest 模块，那么很可能使用过类似 Python -m unittest discover 这样的命令作为测试运行器。unittest 是一款功能强大的软件，但和其他 Python 内置软件一样，要想扩展或改变它的行为，需要自己动手操作。此外，unittest 所使用的框架在功能和语义上都受到 xUnit(https://xunit.net/)系列测试框架的启发，这可能会让一些用户有些不适应，因为它的约定并不总是完全遵循 PEP 8(https://www.python.org/dev/peps/pep-0008/)风格。

要想获得与 Python 运行时代码更紧密一致的测试体验，并在测试套件规模扩大时提高生产率，使用 pytest(https://docs.pytest.org)是一个很好的选择。本章的后面部分将使用 pytest，并讲解它相对于 unittest 模块的一些优势。

5.1.1　pytest 测试框架

pytest 的目标是让编写简单测试变得更容易,并支持日益复杂的项目需求。它不仅可以运行基于 unittest 的测试套件，还提供了自己的断言语法和基于插件的架构，以便根据需要扩展和改变其行为。该框架还为设计可扩展测试提供了大量实用工具，例如：

- 测试固定装置——为测试提供额外依赖项的函数，如数据或数据库连接。

● 参数化测试——编写单个测试函数和多组输入参数的能力，可为每组输入创建一个独特的测试。

提示：要深入了解 pytest 及其所有功能，可查阅 Brian Okken 所著的 *Python Testing with pytest*，第 2 版(Pragmatic Bookshelf, 2022, http://mng.bz/1olg)。

必须在安装软件包及其依赖项的同一虚拟环境中安装 pytest。因为单元测试需要执行实际的代码，而这些代码必须是可导入的。例如，若使用 pipx 在全局安装 pytest，pytest 将不知道从哪里找到项目的依赖项，也就无法导入它们。使用下面的命令将 pytest 安装到项目的虚拟环境中，就可以直接使用了：

```
$ py -m pip install pytest
```

安装pytest后，pytest模块就可用了。第4章提到，将软件包的代码安装到虚拟环境中，它们就可以被导入了。同理，在运行测试时，pytest也会以同样的方式导入代码。现在使用下面的命令运行pytest：

```
$ py -m pytest
```

这可以让 pytest 发现它能发现的任何测试，然后执行它们。由于还没有任何测试，因此只显示如下输出：

```
=============== test session starts ===============
platform darwin -- Python 3.10.0b2+,
 pytest-6.2.4, py-1.10.0, pluggy-0.13.1
rootdir: /path/to/first-python-package
collected 0 items

============= no tests ran in 0.00s =============
```

显示 Python 版本、pytest 版本和插件版本的环境概要

用于配置、发现测试等的目录

未发现测试

未执行任何测试

第 3 章中曾为项目创建了一个布局，将源代码和测试代码分开。我们在 src/目录中添加了实现代码，并创建了一个空的 test/目录。为

了避免在打包代码中包含测试，并将测试存放在一个容易查找的地方，应将测试放在 test/ 目录中。默认情况下，pytest 会发现项目中的任何测试，包括项目根目录或 src/ 目录中的测试，但这并不是我们想要的结果。最好对 pytest 进行配置，以确保它只运行位于正确位置的测试。

练习 5.1

在项目根目录下创建 test_harmonic_mean.py 模块，并添加一个总是能通过测试的名为 test_always_passes 的测试函数。如果不熟悉 pytest，可以直接使用 Python 断言语句来编写测试断言。例如，assert True 这样的语句将始终通过测试。

创建测试模块后，再次运行 pytest。这次将显示如下输出：

```
=============== test session starts ===============
...
collected 1 item          ◄──┤ 发现一个测试

                                发现的测试模块列表以及
                                每个通过测试的点
test_harmonic_mean.py .   ◄──

=============== 1 passed in 0.04s ===============   ◄──

                                      一个测试在 0.04 秒
                                      内执行并通过
```

这表明 pytest 正在项目根目录下的所有位置查找测试。为了鼓励把测试放在适当的位置，应该配置 pytest 仅在 test/ 目录下查找。可以在软件包的 setup.cfg 文件中新增[tool:pytest]配置。其中，testpaths 关键字用于指定查找测试的路径列表。只需要指定一个路径，即 test。添加此配置后，pytest 会在输出中确认使用 setup.cfg 作为配置文件，并确认找到了 testpaths 配置。

练习 5.2

在 setup.cfg 中添加 pytest 配置，使其仅在 test/ 目录中查找测试。

添加配置后，执行下列操作：

- 再次运行 pytest，确认它没有发现和运行任何测试；
- 将 test_harmonic_mean.py 模块移到它所属的 test/目录中；
- 再运行一次 pytest，确认它发现并运行了你编写的测试。

接下来要添加更多测试。pytest 会根据命名规则，自动接收添加到 test/目录中的任何新测试模块，具体规则如下(见图 5.1)：

(1) 从 testpaths 中的任意目录开始查找；

(2) 查找名为 test_*.py 的模块；

(3) 在这些模块中查找名为 Test*的类；

(4) 在这些模块中查找名为 test_*的函数，或在这些类中查找名为 test_*的方法。

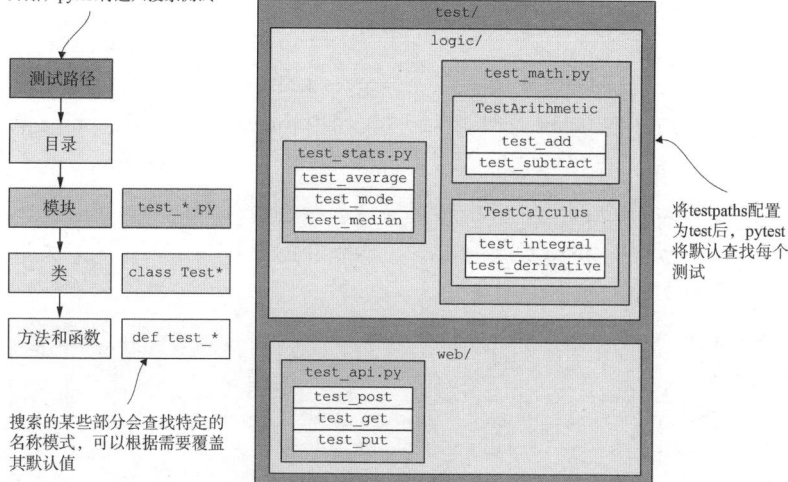

图 5.1　pytest 使用递归模式匹配来发现项目中的单元测试

现在已经建立了编写和运行测试的机制，下一步就是确定要编写哪些测试。5.1.2 节将结合测试覆盖率并编写更多测试，以确保覆盖软件包的所有代码路径。

5.1.2　测量测试覆盖率

在开始研究测试覆盖率之前，首先必须明白它不是万能的。测试覆盖率能告知在测试执行期间执行了多少运行时代码，甚至能测量执行了多少条件分支。但它并不能确保所有这些代码行和分支都有相应的断言来验证其行为。如果一个测试执行了整个代码库，但最终只是以 assert True 结束，那么该测试的覆盖率虽然达到了 100%，但实际上却没有提供任何价值。

也就是说，如果能认真且正确地设计测试用例，那么覆盖率便是一个有用的工具，有助于找到那些肯定没有任何断言的代码区域，从而让我们能够添加有价值的测试并重构测试套件，以更好地覆盖运行时代码。测量覆盖率前需要在项目的虚拟环境中安装 pytest-cov 软件包，如下所示：

```
$ py -m pip install pytest-cov
```

该软件包提供了一个集成了 Coverage.py 项目(https://coverage.readthedocs.io/)的 pytest 插件，因此可以使用 pytest 运行它。Coverage.py 是测量 Python 代码覆盖率的事实标准工具。安装了 pytest-cov 后，运行带 --cov 选项的 pytest 即可收集覆盖率测量结果。测试执行结束时，会在常规的 pytest 报告之后显示额外输出，其中列出了许多闻所未闻的文件，如下所示：

每个文件的名称、行、分支　　　　　　　　　　　与 pytest 类似，Coverage.py
和总体覆盖率　　　　　　　　　　　　　　　　也会打印一些环境信息

```
$ py -m pytest --cov
=============== test session starts ===============
...

-- coverage: platform darwin, python 3.10.0-beta-2 ◄
Name              Stmts  Miss Branch BrPart  Cover
---------------------------------------------------------
```

```
... A lot of files ...
-------------------------------------------------------
TOTAL
=============== 1 passed in 0.04s ===============
```

Coverage.py 会测量很多不属于你的文件　　　整个代码库的整体覆盖率

Coverage.py 会测量它能找到的所有已安装 Python 代码的覆盖率，其中包括软件包的依赖代码，甚至包括 pytest 本身。若仅测量软件包的覆盖率，可以在--cov 选项中指定导入软件包的名称。若测试甚至还没有导入软件包，则应该期望覆盖率为 0。再次运行 pytest，并为覆盖率指定软件包，以确认情况确实如此。Coverage.py 将产生如下输出：

确认软件包在
测试中未导入

```
$ py -m pytest --cov=imppkg
=============== test session starts ===============
...

Coverage.py warning: Module imppkg was never imported.
➥ (module-not-imported)
Coverage.py warning: No data was collected.
➥ (no-data-collected)
WARNING: Failed to generate report: No data to report.

/path/to/first-python-package/.venv/lib/python3.10/
➥ site-packages/pytest_cov/plugin.py:285:
➥ PytestWarning: Failed to generate report:
➥ No data to report.
  warnings.warn(pytest.PytestWarning(message))
```

确认运行时代码
根本未被覆盖

```
-- coverage: platform darwin, python 3.10.0-beta-2 --


=============== 1 passed in 0.04s ===============
```

通过在测试中导入代码，可以快速解决 module-not-imported 的问题。在 test_harmonic_mean.py 模块的顶部，导入 harmonic_mean 函数和支持 harmony 命令的 main 函数。添加导入后，再次运行带覆盖率的 pytest。这一次，将在覆盖率输出中看到 __init__.py 和 harmony.py 模块，如下所示：

```
$ py -m pytest --cov=imppkg
...

-- coverage: platform darwin, python 3.10.0-beta-2 --
Name                 Stmts    Miss    Cover
-------------------------------------------
.../__init__.py          0       0     100%   ← 本模块中没有代码，
.../harmony.py           6       2      67%   ← 因此完全覆盖
-------------------------------------------   ← 这个模块中有 6 条
TOTAL                    6       2      67%      语句，其中 2 条未
                                                被测试执行
```

现在应该能清楚地看到，测试覆盖率并不一定与测试值相关。至此，已经编写了一个不执行任何代码的测试，而 Python 模块的覆盖率已经达到了 67%。

非 Python 扩展的覆盖率

Coverage.py 通常会覆盖 Python 源代码，但对于某些非 Python 扩展，可以在编译时启用行跟踪，并使用能理解行跟踪信息的 Coverage.py 插件来覆盖这些扩展的源代码。例如，可以在 Cython.pyx 文件中指定额外的指令来启用行跟踪，并使用 Cython.Coverage 插件来测量覆盖率。

1. 启用分支覆盖

除行覆盖率外，测试的一个重要方面还在于了解有多少种可能的执行路径，以及其中哪些路径未经测试。圈复杂度(Thomas J. McCabe，*A Complexity Measure*. IEEE Transactions on Software Engineering 4 [1976]：308-20，doi:10.1109/tse.1976.233837)衡量了通

过代码的路径数量，要全面覆盖代码的行为，就需要对每条路径进行
测试。在 Coverage.py 中，这被称为分支覆盖率。

要为测试配置分支覆盖率，应在 setup.cfg 中添加一个名为
[coverage:run]的新部分。在该部分，添加一个值为 True 的分支关键
字(见代码清单 5.1)。这将在覆盖率输出中产生两个列：

- Branch——整个代码中有多少分支；
- BrPart——有多少分支仅被测试部分覆盖。

练习 5.3

在添加[coverage:run]部分时，添加一个值为 imppkg 的 source
键。这样就不用每次都在 pytest 的--cov 选项中指定 imppkg 了，而
且还能确保任何运行覆盖率测试的人都能看到相同的输出。也可以
在[tool:pytest]部分添加 addopts 键，并将其值设为--cov，从而完全避
免指定-- cov。以后可以根据需要使用相应的--no--cov 选项在命令行
中覆盖该选项。

添加这些配置后，应该运行什么命令才能实现与之前相同的行为？

A pytest

B pytest- cov

C py -m pytest- cov

D py -m pytest -no-cov

E py -m pytest

F py -m pytest- cov=imppkg

代码清单 5.1　配置覆盖率以测量分支

```
[coverage:run]
branch = True
```

启用分支覆盖后，可能的分支会加入语句计数，以确定总覆盖
率。再次运行 pytest。注意，代码的覆盖率从 67%降到了 50%，如
下所示：

```
$ py -m pytest
...

-- coverage: platform darwin, python 3.10.0-beta-2 --
Name                 Stmts   Miss  Branch  BrPart  Cover
---------------------------------------------------------
.../__init__.py          0      0       0       0   100%
.../harmony.py           6      2       2       0    50%  ◄
---------------------------------------------------------
TOTAL                    6      2       2       0    50%
```

> 发现了两个分支,但它
> 们都没有被部分覆盖

注意:在考虑覆盖率时如果考虑分支,总覆盖率将绝对小于或等于不考虑分支时的覆盖率。分支的覆盖率很难手动计算,毕竟这要考虑代码在执行过程中可能经过的所有不同路径。更多关于分支测量的详情可参考 Coverage.py 文档(http://mng.bz/G1EA)。

至此,想必你已经比较清楚地了解了测试对代码及其执行路径的覆盖程度。另外,了解哪些路径未被覆盖也很有用。

2. 启用缺失覆盖

Coverage.py 可以准确跟踪哪些行和分支未被测试覆盖,这对编写测试以提高代码覆盖率大有帮助。可以在 setup.cfg 中添加名为 [coverage:report]的新部分,并将名为 show_missing 的新键设置为 True(见代码清单 5.2),从而启用此功能。这将在覆盖率输出中产生一个新的 Missing 列。Missing 列包含以下内容。

- 未覆盖的行或行的范围。例如,9 表示未覆盖第 9 行,10~12 表示未覆盖第 10、11 和 12 行。
- 从一行到另一行的逻辑流,表示未覆盖的分支。例如,13->19 表示该未被覆盖的执行路径起始于第 13 行,接下来要执行的是第 19 行。

代码清单 5.2　进行覆盖率配置以显示未覆盖代码

```
[coverage:report]
show_missing = True
```

再次运行 pytest，查看覆盖率报告中列出的缺失内容。报告中列出的行数将与 harmony.py 模块中 main 函数体的行数相对应，如下所示：

```
$ py -m pytest                                        第 9 行和第 10 行
...                                                   未覆盖

-- coverage: platform darwin, python 3.10.0-beta-2 --
Name              Stmts Miss Branch BrPart Cover Missing
----------------------------------------------------------
.../__init__.py       0    0      0      0  100%
.../harmony.py        6    2      2      0   50%  9-10 ◄──┐
----------------------------------------------------------
TOTAL                 6    2      2      0   50%
```

可以利用缺失行报告来快速确定需要编写更多测试的重点区域。

仔细查看 Coverage.py 输出中的文件路径。它们指向安装软件包时在虚拟环境中创建的文件，前缀为 .venv/lib/python3.10/site-packages/imppkg/。这是完全正确的，但由于每个文件前面都有很长的前缀，有时会很难读取。要简化这些路径并将覆盖率映射回相关的源代码，可以告诉 Coverage.py 哪些文件路径应被视为等效路径。

3. 简化覆盖率报告输出

在项目中，已安装软件包的 .venv/lib/python3.10/site-packages/imppkg/ 目录大致对应于软件包源代码的 src/imppkg/ 目录。可在 setup.cfg 中新建一个名为[coverage:paths]的部分，告诉 Coverage.py 这一情况。在该部分，可以添加一个具有等效文件路径的列表值的 source 键。Coverage.py 将使用列表中的第一个路径来替换输出中的任何后续路径。该列表中的路径可以包含通配符(*)，以便匹配路径中的任何名称。完成配置后，新的部分应与代码清单 5.3 类似。

代码清单 5.3   进行覆盖率配置以输出与源代码相关的路径

```
[coverage:paths]
source =
    src/imppkg/
    */site-packages/imppkg/
```

再次运行 pytest。输出中的文件路径将用 src/imppkg 代替.venv/lib/
python3.10/site-packages/imppkg 作为前缀，如下所示：

```
$ py -m pytest
...
-- coverage: platform darwin, python 3.10.0-beta-2 --
Name                      Stmts Miss Branch BrPart Cover Missing
-----------------------------------------------------------------
src/imppkg/__init__.py      0    0      0       0   100%
src/imppkg/harmony.py       6    2      2       0    50%  9-10
-----------------------------------------------------------------
TOTAL                       6    2      2       0    50%
```

随着项目的不断发展和测试次数的增加，从覆盖率报告中找出
未覆盖的模块可能会变得越来越困难。如果某些文件的覆盖率达到
100%，在报告输出中忽略它们可能会更有帮助。可以在[coverage:report]
部分添加一个值为 True 的 skip_covered 键，以过滤掉这些文件(见代
码清单5.4)。被过滤掉的文件只是从列表中移除，在计算代码的总覆
盖率时仍会被考虑进去。

代码清单 5.4   进行覆盖率配置以跳过覆盖文件

```
[coverage:report]
...
skip_covered = True
```

再次运行 pytest。报告将过滤掉__init__.py 模块，并给出如下确

认信息：

```
$ py -m pytest
...

-- coverage: platform darwin, python 3.10.0-beta-2 --
Name                        Stmts Miss Branch BrPart Cover Missing
----------------------------------------------------------------
src/imppkg/harmony.py         6    2     2      0    50%   9-10
----------------------------------------------------------------
TOTAL                         6    2     2      0    50%

1 file skipped due to complete coverage.   ◀─── 这证明完全覆盖的
                                                文件被过滤掉了
```

现在，当我们的目标是提高测试覆盖率时，覆盖率报告只会显示那些需要注意的文件。

5.1.3　提高测试覆盖率

至此，已经有了一种简洁的方法来查看项目中哪些文件可能需要引起更多的测试关注，并能通过生成的报告快速了解所做的更改对覆盖率的影响。接着编写一个真正的测试来取代之前编写的断言 True。

在 test_harmonic_mean.py 模块中，需要编写一个测试来练习 harmony.py 模块中的代码。其中的代码由 main 函数组成，该函数执行以下操作：

(1) 从 sys.argv 中读取参数；

(2) 将这些参数转换为浮点数；

(3) 使用 harmonic_mean 函数计算数字的调和平均数；

(4) 用彩色文本打印结果。

可以编写一个测试，将 sys.argv 修改为受控值，确保断言输出结果与期望一致，从而实现所有这些操作。这样也能 100%覆盖 harmony.py 模块。不过，这就是所谓的"快乐路径"测试。

1. 揭示不快乐路径

不快乐路径测试是指对代码中不常见的、容易出错的路径进行测试。若想让代码更鲁棒，就应该跳出快乐路径测试，去寻找这些可能会破坏代码的边缘情况(见图 5.2)。

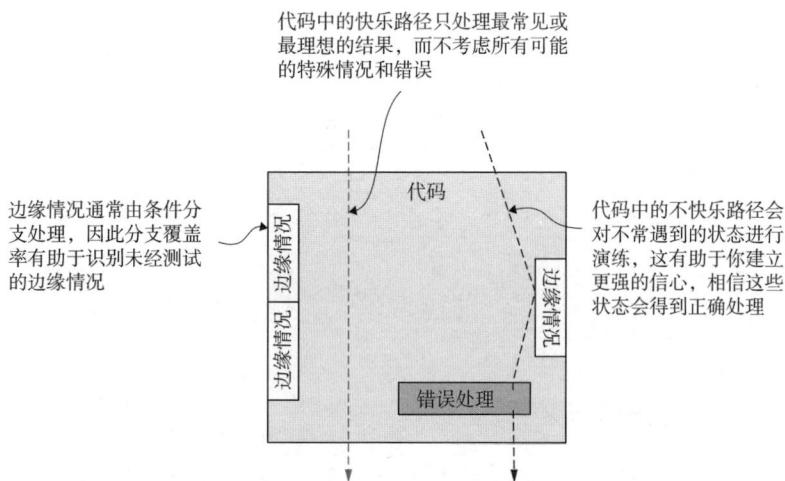

图 5.2　测试可能涵盖常见的、理想的执行路径，也可能涵盖不常见的
　　　　边缘情况和错误情况

你可能想知道，即使你编写的测试实现了 100%的行覆盖率和分支覆盖率，为何仍能漏掉代码中的故障。如果每条执行路径的测试都通过了，那么代码怎么可能失败呢？原因往往在于代码所接收的输入，尤其是直接来自用户的输入。在 harmony 控制台脚本中，它直接从命令行接收用户输入，然后将其传递到 harmony.py 模块的 main 函数中。如果输入无效，代码就可能会以意想不到的方式处理它。这很好地提醒了我们，即使测试覆盖很全面，也不能完全防止错误发生。

尝试运行已安装的 harmony 命令。注意，需要使用.venv/bin/harmony运行它，因为软件包还没有全局安装，而且 harmony 命令不在系统的$PATH 中。如果传递给它的参数无法转换成数字，会发生什么情

况？如果不传递任何参数又会怎样？可能会引发 ZeroDivisionError
或 ValueError。因此，即使输入数字的路径是正确的，精心选择的输
入也有可能产生非理想结果。在这种情况下，可以选择记录正确的
用法并忽略边缘情况，或者更新代码以适应这种情况。

目前，假设任何输入结果除以 0 或无法转换为数字的结果都应
输出为 0.0。要在代码中实现这一点，一种方法是为每个潜在的危险
操作设置 try，并设置 catch 来处理相应的异常(见代码清单 5.5)。这
可能会让人感觉像是防御性编程，即防范所有可能的风险，无论它
们发生的可能性有多小。但对于某些应用程序，为了用户体验或安
全起见，往往提供一个无差错的结果。你希望 CarCorp 感到满意，
而且你已经与他们进行了多次沟通，这似乎是值得的。

代码清单 5.5 处理不良输入的更安全版本的 main 函数

```
def main():
    result = 0.0          ← 除非稍后计算成功，
                            否则结果将为 0
    try:
        nums = [float(num) for num in sys.argv[1:]]
    except ValueError:     ← 如果任何输入都无法转换
        nums = []            为数字，则按无输入处理

    try:
        result = harmonic_mean(nums)
    except ZeroDivisionError:  ← 如果没有输入或输入仅
        pass                     为 0，则使用默认结果

    cprint(result, 'red', 'on_cyan', attrs=['bold'])
```

这将在代码中创建更多的行和分支，因此可以预见覆盖率会进
一步下降。但现在，覆盖率测量可以指导我们编写测试，以断言更多输入
的正确行为。更新 harmony.py 模块中的源代码，以捕获 ValueError 和
ZeroDivisionError 异常。然后使用 py –m pip install.命令将软件包重
新安装到虚拟环境中。

练习 5.4

下面的测试涉及 main 函数的快乐路径，伪造用户输入并对打印
输出进行断言：

```
import sys                                    以字符串形式计算调和
                                             平均数的值

from termcolor import colored
from imppkg.harmony import main
                                             用于设置状态和获取命
                                             令输出的 pytest 结构
def test_harmony_happy_path(monkeypatch, capsys):
    inputs = ["1", "4", "4"]
    monkeypatch.setattr(sys, "argv", ["harmony"]
    + inputs)                                传递值，就好像它们是为
                                             harmony 而提供的一样
                  从 sys.argv 读取
    main()        并执行计算

    expected_value = 2.0
    assert capsys.readouterr().out.strip() == colored(
        expected_value,
                                             断言输出是用彩色
        "red",                               文本表示的 2.0
        "on_cyan",
        attrs=["bold"]
    )
```

将此测试添加到 test_harmonic_mean.py 模块并运行 pytest。将
看到覆盖率增加了。你会如何调整额外的测试以覆盖不快乐的路
径？你需要多少个额外测试？为代码中的每个不快乐路径添加一个
测试，以达到 100%的覆盖率。确保每个测试都有一个唯一的名称，
这样 pytest 才能运行所有测试。

本章前面配置了 Coverage.py，以跳过列出那些已经完全覆盖的
文件。当覆盖率达到 100%时，所有文件都会从输出中消失，因为它
们已被完全覆盖。Coverage.py 的输出也会显示 100%的覆盖率，
如下所示：

```
--- coverage: platform darwin, python 3.9.5-final-0 ---
Name     Stmts   Miss  Branch  BrPart  Cover   Missing
------------------------------------------------------
------------------------------------------------------
TOTAL      14      0      2       0    100%
```

2 files skipped due to complete coverage.

表示由于完全覆盖，报告
中跳过了两个文件

表示没有遗漏语
句或分支，覆盖率
为 100%

　　现在已经实现了包括一些不快乐路径在内的 100% 的覆盖率，一切进展顺利。pytest 会以失败测试的形式告知代码的行为是否出现倒退，Coverage.py 则会告知是否有任何明显的机会添加额外的测试。这样，便可以自由地切换测试思维，去发现那些只有我们自己才能识别的不快乐路径。既然你已经明白了这一点，就可以采取一些额外的措施，以进一步减少未来测试的工作量。

5.2　解决测试乏味问题

　　刚接触测试时，你会觉得测试是阻碍工作进程的一大障碍。在交付新功能和新价值时，你认为测试无关紧要。如果能有效地减少测试的工作量，那么会有越来越多的人采用测试，而且随着测试套件的增加，这项投资在未来必然会带来回报。

5.2.1　解决重复性、数据驱动型测试问题

　　注意，针对覆盖 main 函数而编写的测试看起来都非常相似。它们的基本结构相同，只是改变了一些数值。Pytest 提供了一个很好的工具来解决这种重复的数据驱动测试问题。@pytest.mark.parametrize 装饰器可以将一系列值映射为装饰的测试函数的参数，为每一组值创建一个单独的测试。然后，我们可以使用这些参数构建一个测试函数，该函数将正确断言所有不同值的行为。

@pytest.mark.parametrize 装饰器接受以下参数：

(1) 以逗号分隔的字符串形式，表示映射值的参数名称；

(2) 一个列表，其中每项都是要映射的参数值所组成的元组。

装饰的测试函数必须接受与第一个 parametrize 参数相对应的参数，但也可以按任意顺序接受额外参数。通常的做法是将参数化的参数放在前面，而将任何附加参数(如固定参数)放在最后。

假设编写了一个 mul 函数，它接受两个数字参数并返回它们的乘积。若要编写一些测试，以确保当输入为正数、零和负数时它能正常工作，就可以使用 pytest 的参数化功能来实现这一目的，如下所示：

```python
import pytest

from ... import mul


@pytest.mark.parametrize(
    "input_one, input_two, expected",
    [
        (2, 3, 6),
        (-2, 3, -6),
        (-2, -3, 6),
        (0, 3, 0),
    ]
)
def test_mul(input_one, input_two, expected):
    assert mul(input_one, input_two) == expected
```

映射值的参数名称

元组列表，每个元组都会被映射

符合参数化规范的参数名称

使用映射参数构建的测试

这个参数化测试函数将产生 4 个测试；每个测试在 pytest 输出中都有自己的状态。如果其中一个测试失败，其他测试仍然可以通过。如果想添加更多的测试情况，只需在参数列表中添加一个新元组即可。这样就能更快地处理数据量大、重复测试多的测试套件。

练习 5.5

使用@pytest.mark.parametrize 装饰器，将你对 harmony.py 模块的 main 函数的测试转换为单一的参数化测试。别忘了导入 pytest。完成后，应该仍能获得 100%的覆盖率，并且通过的测试数量也保持不变。

现在，测试变得更精简了，接下来将仔细研究测试过程本身。

5.2.2　解决软件包频繁安装的问题

目前，至少已经两次将软件包安装到虚拟环境中了。这是因为对软件包进行了设置，以确保始终根据已安装的软件包进行测试，所以每次进行任何功能更改时都需要重新安装软件包。这样可以确保你与其他人看到的一致，但同时也增加了手动操作的工作量。到目前为止，还仅是对源代码做了一两处小改动，不难想象，当收到 CarCorp 公司的第 10 个功能请求时，我们的工作量会有多大。

此外，你还了解到，如果能让软件包兼容多个依赖项和系统，将有助于让更多人成功使用它。如果想用这些不同的依赖项来测试软件包，那么手动操作的工作量就会成倍增加；每个新的依赖项范围都会加剧组合式增长(见图 5.3)。在一个系统中，每增加一个新维度，状态数量都会显著增加，这就是所谓的组合式增长。在测试系统中，即便只有几个依赖变量，需要测试的组合数量也会很快达到数十种。

使用 tox(https://tox.readthedocs.io)可自动安装用于测试的软件包，并为依赖项组合创建测试矩阵。它大大减少了手动操作，从而降低了测试中人为错误的概率。

1. 开始使用 tox

tox 会为测试的每个依赖项组合构建一个全新的虚拟环境。这是一种隔离的方法，因此可以在全局范围内使用 tox，并在各个项目中使用它，而不用在每个项目中单独安装它。

注意：如果尚未安装 tox，请参阅附录 B，完成安装后再返回本节。

在项目根目录下运行 tox 命令。由于尚未配置 tox，将会看到以下输出：

```
$ tox
ERROR: tox config file (either pyproject.toml, tox.ini, setup.
cfg) not found
```

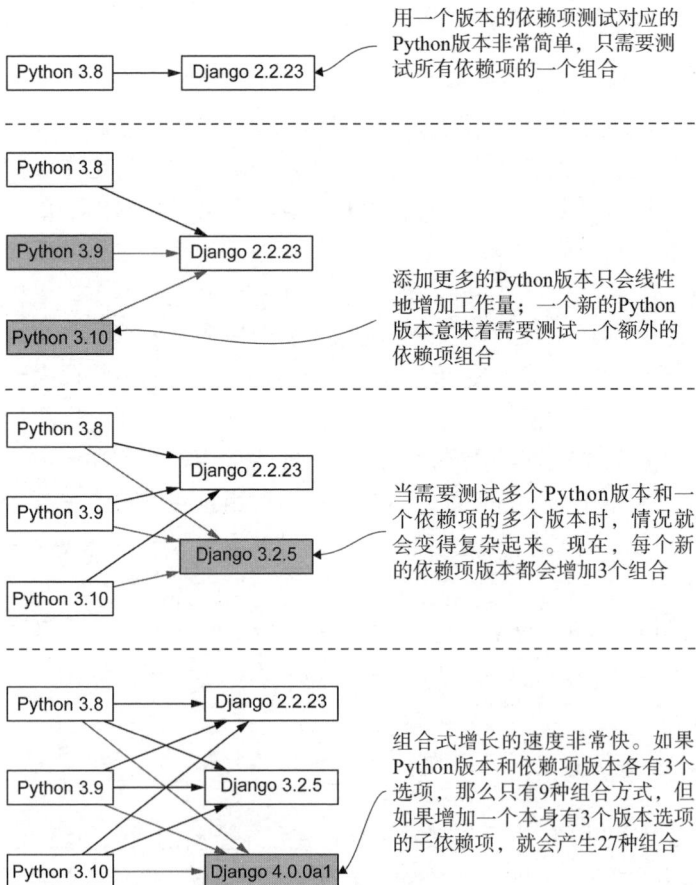

用一个版本的依赖项测试对应的 Python版本非常简单，只需要测试所有依赖项的一个组合

添加更多的Python版本只会线性地增加工作量；一个新的Python版本意味着需要测试一个额外的依赖项组合

当需要测试多个Python版本和一个依赖项的多个版本时，情况就会变得复杂起来。现在，每个新的依赖项版本都会增加3个组合

组合式增长的速度非常快。如果Python版本和依赖项版本各有3个选项，那么只有9种组合方式，但如果增加一个本身有3个版本选项的子依赖项，就会产生27种组合

图 5.3   跨版本测试多个依赖项的工作量的增长速度非常惊人

接着，在 setup.cfg 文件中添加名为[tox:tox]的新部分。这部分将放置测试矩阵和 tox 本身的高级配置。首先添加一个 isolated_build 键，值为 True，如下所示：

```
...

[tox:tox]
isolated_build = True
```

这将告诉 tox 使用第 3 章学到的 PEP 517 和 PEP 518 标准来构建软件包。再次运行 tox 以确认它已经读取配置，会产生以下友好的输出结果：

```
$ tox

------------------
congratulations :)
```

确认 tox 正在读取配置后，就可以开始创建测试矩阵了。

2. tox 环境模型

tox 基于环境的概念来运行。每个 tox 环境都是一个隔离的环境，执行一系列命令，拥有自己已安装的依赖项和环境变量。每个 tox 环境都包含一个带有 Python 解释器副本的虚拟环境(见图 5.4)。tox 配置语言支持对所有这些环境进行精细控制，其语法可以应对测试矩阵的组合性质所带来的大部分挑战。

可以创建任意环境，但 tox 会对一些环境名称做相应的处理。名称为 py37 或 py310 的环境将创建一个虚拟环境，并复制相应版本的 Python 解释器。

tox 配置中的 envlist 键定义了运行 tox 命令时 tox 应创建并默认执行的环境。envlist 中的环境也可以根据需要单独运行，方法是使用 tox 命令的-e 参数并指定环境名称。

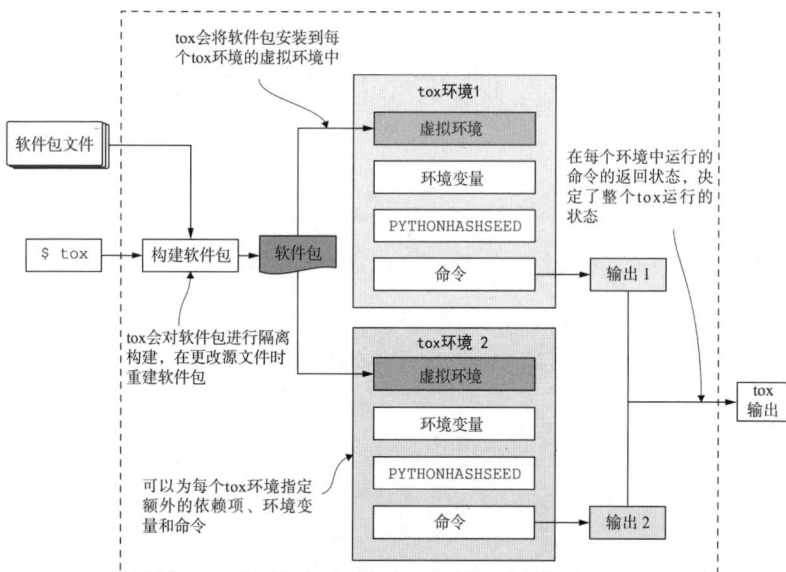

图 5.4 tox 环境是构建、安装和测试代码的隔离场所

开始运行前，请在 setup.cfg 文件的 tox:tox 部分添加 envlist 键，值为 py310，如下所示：

```
[tox:tox]
...
envlist = py310
```

tox 环境列表就是测试矩阵

下次运行 tox 时，它执行以下操作：

(1) 构建具有隔离环境的软件包；

(2) 创建一个带有 Python 3.10 副本的虚拟环境；

(3) 在虚拟环境中安装软件包；

(4) 将 PYTHONHASHSEED 设为一个新值，为测试创建更多的随机性。

再次运行 tox 命令。将显示类似下面的输出：

将 tox 用作构建前端，该前端的软件包处在隔离环境中　　　　　构建后端依赖项

```
.package create: .../first-python-package/.tox/.package
.package installdeps: setuptools, wheel, cython
py310 create: .../first-python-package/.tox/py310
py310 inst: .../first-python-package-0.0.1.tar.gz
py310 installed: first-python-package @
  file:/ /.../first-python-package-0.0.1.tar.gz,
  termcolor==1.1.0
py310 run-test-pre: PYTHONHASHSEED='3663842017'
_____ summary _____
py310: commands succeeded
congratulations :)
```

种子 Python 的随机化

环境中的任何命令都已成功执行

成功安装软件包依赖项

成功安装软件包

安装软件包

创建虚拟环境

只需少量配置，tox 就能完成所有这些工作。虽然你还没有告诉 tox 在环境中运行哪些命令，但环境已经准备就绪。如果想对多个 Python 版本执行相同的操作，该怎么办？envlist 键接受一个以逗号分隔的环境列表。例如，可以指定 py39, py310 来创建 Python 3.9 和 Python 3.10 环境。

更新 envlist 值，以包含一个 Python 其他版本的新环境。尽管已指定了要创建的新环境，但 tox 会跳过构建软件包，因为它知道自上次构建以来源代码没有更改。与已创建的 py310 环境类似，在 py39 环境中，tox 将执行以下操作：

(1) 创建虚拟环境；

(2) 将软件包安装到虚拟环境中；

(3) 设置 PYTHONHASHSEED。

然后，tox 会再次执行 py310 环境。因为这个环境已经存在，所以 tox 不会重新创建它或重新安装依赖项，除非它检测到依赖项发

生了更改。再次运行 tox。将显示类似下面的输出：

```
py39 create: .../first-python-package/.tox/py39
py39 inst: .../first-python-package-0.0.1.tar.gz
py39 installed: first-python-package @
➥ file:/ /.../first-python-package-0.0.1.tar.gz,
➥ termcolor==1.1.0
py39 run-test-pre: PYTHONHASHSEED='973215353'
py310 inst-nodeps: .../first-python-package-0.0.1.tar.gz
py310 installed: first-python-package @
➥ file:/ /.../first-python-package-0.0.1.tar.gz,
➥ termcolor==1.1.0
py310 run-test-pre: PYTHONHASHSEED='973215353'
_____ summary _____
  py39: commands succeeded
  py310: commands succeeded
  congratulations :)
```

添加了 py39 环境

inst-nodeps 会跳过安装依赖项

确认已执行每个环境

只需在 tox 配置中添加几个字符，就能将测试矩阵的大小增加一倍。随着需要测试的依赖项组合的扩展，这一特性变得越来越有价值，因为不需要单独指定组合。tox 还会确保针对每个组合执行测试，从而最大限度地提高发现特定组合中错误的概率。

由于添加新的依赖项组合会额外执行一次测试，因此测试套件的总执行时间会增加。在更改代码或测试时，使用-e 选项在单个环境中运行测试可能会很有帮助，之后，在进行更改后运行 tox 而不指定参数，以确保所有环境中都不会出现中断。还可以并行运行多个环境，本章稍后将介绍这一点。

现在有了两个测试环境，但它们都还没有执行任何操作。下一步是告诉 tox 在每个环境中要执行哪些操作。

5.2.3 配置测试环境

到目前为止，已经在[tox:tox]部分配置了 tox，以说明如何构建软件包以及创建哪些环境。要配置测试环境本身，还需要添加新的[testenv]部分。该部分默认情况下适用于任何已配置的测试环境。这

一部分可以使用 commands 键告诉 tox 要运行哪些命令。该键可接受
要运行的命令列表，并使用一些特殊语法为命令传递参数。

　　在每个命令中，都可以使用{posargs}占位符，它将把 tox 命令
行参数传递给测试命令。例如，指定 python -c 'print ("{posargs}")'
命令时，运行 tox hello world 将在环境中执行 python -c 'print("hello
world")'。

　　还可以向测试命令传递选项，方法是用两个破折号(--)将选项与
tox 命令及其任何选项分隔开。例如，要指定 python 作为命令，运
行 tox -- -V 将在环境中执行 python -V。

练习 5.6

　　假定测试环境应该执行 pytest 命令，并能在运行 tox 时为它传
递附加参数。下面哪些是有效的测试命令和相应的 tox 命令？

```
A  pytest {posargs},tox
B  pytest {posargs},tox--no-cov
C  pytest {posargs},tox-- --no-cov
D  pytest --no-cov {posargs},tox
E  pytest {posargs} --no-cov,tox
F  {posargs} pytest,tox-- --no-cov
```

　　将 pytest 命令添加到命令列表后，再次运行 tox。便会看到，在执
行之前的步骤后，tox 会尝试执行 pytest，但失败了，输出结果如下：

```
py39 run-test: commands[0] | pytest        ← 尝试执行正确
ERROR: InvocationError for command            的命令
➥ could not find executable pytest         ← 在测试环境中
                                               找不到该命令
```

　　尽管先前已将 pytest 安装到了项目的虚拟环境中，但要记住的
是，tox 会为每个测试环境创建并使用一个隔离的虚拟环境。这意味
着 tox 不会使用一直在运行的 pytest 副本。因为没有告诉 tox 在这些
环境中安装 pytest，所以它也无法在那里找到 pytest 的副本。可以在
[testenv]部分使用 deps 键指定依赖项。deps 的值是要安装的 Python

软件包列表，语法类似 requirements.txt 或 install_requires。现在，要
参照如下代码添加 pytest 和 pytest-cov 作为依赖项：

```
[testenv]
...
deps =
    pytest
    pytest-cov
```

再次运行 tox。这次，它将安装额外的依赖项，pytest 命令将成
功运行测试和生成覆盖率报告，输出类似于下面的内容：

```
...
py39 installdeps: pytest, pytest-cov
...
py39 run-test: commands[0] | pytest
<PYTEST OUTPUT>
<COVERAGE OUTPUT>
...
py310 installdeps: pytest, pytest-cov
...
py310 run-test: commands[0] | pytest
<PYTEST OUTPUT>
<COVERAGE OUTPUT>
_____ summary _____
  py39: commands succeeded
  py310: commands succeeded
  congratulations :)
```

现在，便可以在两个不同 Python 版本的隔离环境中成功运行
pytest 和 coverage，而不需要手动安装软件包。任何时候，只要修改
了源代码、依赖项或测试，就可以运行 tox 来查看是否仍然有效。
这种对基础架构的早期投资——尤其是对于那些喜欢采用测试驱
动开发方法的人来说——将在软件包的整个生命周期中持续得到
回报。

下面继续阅读 5.2.4 节，了解更多关于测试和配置的技巧。

5.2.4　更快、更安全的测试技巧

随着项目规模的增长，测试时间也可能随之增加。为了提高工作效率，还需要尽可能快速地进行测试，并尽量减少人为错误。下面讨论一些保持测试套件正常执行的技巧。

1. 并行运行测试环境

注意，Python 3.9 和 Python 3.10 环境一直是顺序执行的。由于每个环境都只耗费几秒钟，因此目前这不是什么大问题。假设在一个项目中，要测试 3 个 Python 版本和一个依赖项的 3 个不同版本，你有足够的耐心等待 9 个环境依次运行吗？

tox 提供了一种并行模式，可以同时执行多个环境。要自动并行运行两个环境，可在运行 tox 时添加-p 选项，如下面的代码段所示。默认情况下，该模式将隐藏每个环境的详细输出，只显示活动环境的进度指示器和每个环境的总体通过或失败状态：

```
$ tox -p
⁝ [2] py39 | py310
...
✔ OK py39 in 9.533 seconds
✔ OK py310 in 9.96 seconds
_____ summary _____
  py39: commands succeeded
  py310: commands succeeded
  congratulations :)
```

2. 状态测试

查看下面的代码段，其中有两个测试对 Python 列表的工作方式做出了断言：

```
FRUITS = ["apple"]

def test_len():
    assert len(FRUITS) == 1
```

```
def test_append():
    FRUITS.append("banana")
    assert FRUITS == ["apple", "banana"]
```

能发现问题所在吗？这个问题可能很微妙，但第二个测试改变了系统的状态。虽然 FRUITS 一开始只包含一个项目"apple"，但该测试通过添加"banana"改变了列表的内容。这些测试在编写时都能通过，但如果按相反的顺序执行它们就会失败(见图5.5)：

```
FRUITS = ["apple"]

def test_append():
    FRUITS.append("banana")
    assert FRUITS == ["apple", "banana"]

def test_len():
    assert len(FRUITS) == 1
```

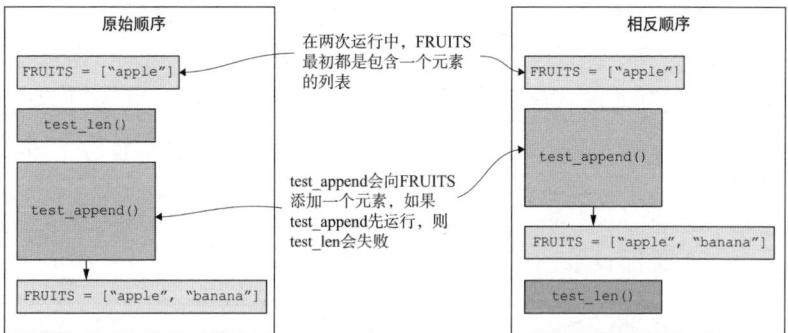

图 5.5　依赖其他测试状态的测试，在重新排序或移动位置时可能会失败

虽然发现并修复这个示例可能很容易，但是状态测试往往是多个层次和复杂交互作用的结果，一般在编写代码时可能不会注意到这些问题。为了提高发现和修复这些情况的可能性，应以随机顺序运行测试。pytest-randomly 插件(https://github.com/pytest-dev/pytest-randomly)正是

为此设计的。它不需要对随机顺序测试的基本行为进行任何额外配置，只需将其添加到[testenv]部分的 deps 列表中即可。

通过调换测试模块、类、方法和函数的顺序，pytest-randomly可以发现那些因依赖先前测试的状态而失败的测试(见图 5.6)。每次运行时，它都会将随机种子设置为一个可重复的值。这些信息已添加到如下显示的 pytest 输出中：

```
Using --randomly-seed=1966324489
```

当测试运行失败时，可以通过向 pytest 命令传递--randomly-seed选项，强制后续的运行以与原始运行中输出的值相同的顺序执行。由于 pytest 是由 tox 运行的，因此可以在向底层 pytest 命令传递选项时使用--来分隔 tox 选项和 pytest 选项，如下所示：

```
$ tox -- --randomly-seed=1966324489   ◀——— tox 将参数传递
                                            给 pytest
```

如果安装了 pytest-randomly，那么每次运行 tox 时，测试的运行顺序都会不同。如果发现某个测试偶尔会无缘无故地失败，那么该测试或被测试的代码可能是存在状态依赖。可以将这些提示作为查找状态问题的良好起点。

3. 确保 pytest 标记有效

本章前面曾使用@ pytest.mark.parametrize 装饰器对数据驱动测试进行了参数化。虽然 pytest 提供了像 parametrize 这样的内置标记，但也可以自行设计任意标记。在某种程度上，可以把这些自定义标记看作是测试的标签或标记。虽然这是一个强大的功能，但由于可以创建任意标记，因此意味着有可能会记错或拼错标记的名称，从而导致莫名其妙的问题。

默认情况下，pytest 会对无效标记发出警告，如下所示：

```
... PytestUnknownMarkWarning: Unknown pytest.mark.fake - is
➥ this a typo?
```

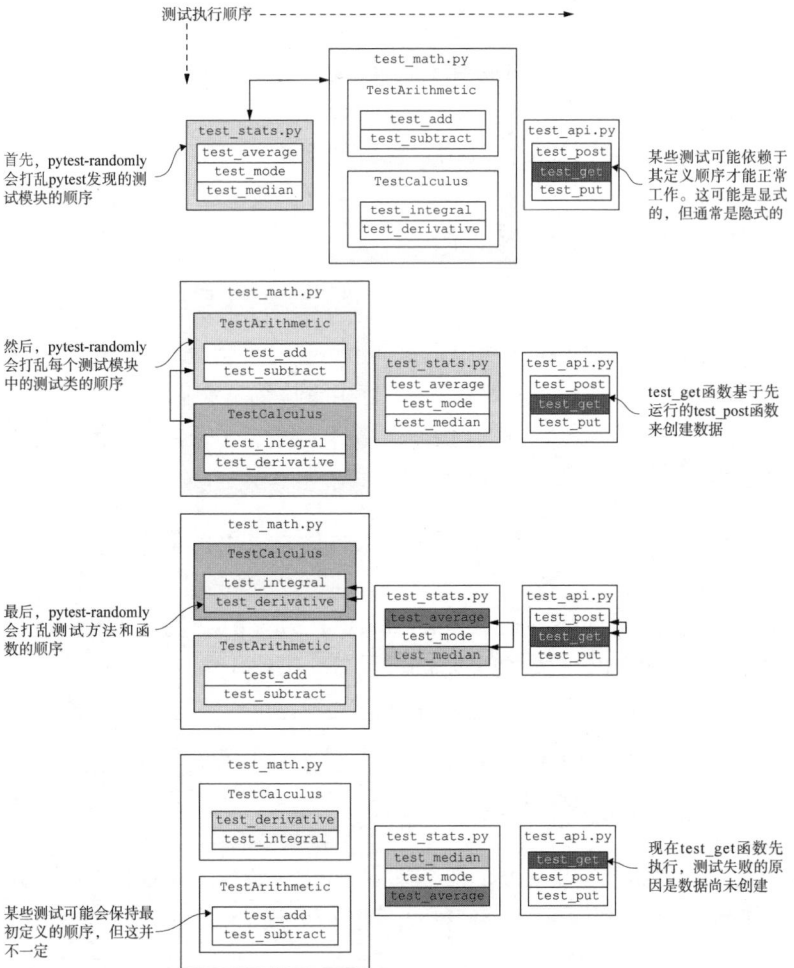

测试执行顺序

首先，pytest-randomly
会打乱pytest发现的测
试模块的顺序

test_stats.py
test_average
test_mode
test_median

test_math.py
TestArithmetic
test_add
test_subtract
TestCalculus
test_integral
test_derivative

test_api.py
test_post
test_get
test_put

某些测试可能依赖于
其定义顺序才能正常
工作。这可能是显式
的，但通常是隐式的

然后，pytest-randomly
会打乱每个测试模块
中的测试类的顺序

test_math.py
TestArithmetic
test_add
test_subtract
TestCalculus
test_integral
test_derivative

test_stats.py
test_average
test_mode
test_median

test_api.py
test_post
test_get
test_put

test_get函数基于先
运行的test_post函数
来创建数据

最后，pytest-randomly
会打乱测试方法和函
数的顺序

test_math.py
TestCalculus
test_integral
test_derivative
TestArithmetic
test_add
test_subtract

test_stats.py
test_average
test_mode
test_median

test_api.py
test_post
test_get
test_put

某些测试可能会保持最
初定义的顺序，但这并
不一定

test_math.py
TestCalculus
test_derivative
test_integral
TestArithmetic
test_add
test_subtract

test_stats.py
test_median
test_mode
test_average

test_api.py
test_get
test_post
test_put

现在test_get函数先
执行，测试失败的原
因是数据尚未创建

图 5.6　pytest-randomly 每次运行时都会以打乱的顺序运行测试

　　如果想确保所有标记都是已知的、有效的(即它们是由插件注册
的，或者是在 markers 键的[tool:pytest]部分注册的)，则需要在
setup.cfg 文件的 addopts 键中添加--strict-markers 选项。启用严格标
记进行检查后，如果 pytest 发现未知标记，测试就会运行失败，如
下面的输出所示：

```
'fake' not found in 'markers' configuration option
```

这将确保只有定义了有效的标记，测试才能运行。无效标记本身可能并无害处，但启用严格标记能最大限度地减少意外行为出现的概率。

4. 确保预期失败不会意外通过

pytest 提供了一个名为 xfail 的标记，用于标记预期失败的测试。预期测试失败的原因有很多，比如环境问题、正在等待的上游问题，或者仅仅是没有时间修复。有时，在做出更改后，预期失败的测试可能会意外通过。虽然让更多测试通过可能听起来不错，但行为上的意外更改总是需要仔细检查的。

默认情况下，pytest 会将测试标记为 XPASS，以警告开发者注意这种情况。若想在这种情况下得到明确的警告，以便弄明白为什么预期失败的测试会通过，可以在[tool:pytest]部分添加值为 True 的 xfail_strict 键。这将导致任何预期失败的测试如果通过，都无法完成测试，因此必须在继续之前解决这些问题

随着你不断精益求精，测试机制也日趋完善，并足以应对任何更改，第 6 章便可以开始添加更多的代码质量流程并将其自动化了。

练习答案

5.3 答案：E

5.4 答案：添加两个新测试，分别将 inputs 调整为[]和["foo","bar"]，并将两者的 expected_value 调整为 0.0。

5.5

```
@pytest.mark.parametrize(
    "inputs, expected",
    [
        (["1", "4", "4"], 2.0),
        ([], 0.0),
```

```
        (['foo', 'bar'], 0.0),
    ]
)
def test_harmony_parametrized(inputs, expected, monkeypatch,capsys):
    monkeypatch.setattr(sys, 'argv', ['harmony'] + inputs)
    main()
    assert capsys.readouterr().out.strip() == colored(
        expected,
        'red',
        'on_cyan',
        attrs=['bold']
    )
```

5.6 答案：A，C，D，E

　　B 将把--no-cov选项传递给 tox 自身而非 pytest。**F** 将把所有传入的参数放在命令之前。

5.3　小结

- pytest 框架拥有丰富的插件生态系统，与内置的 unittest 模块相比，使用它进行测试更高效。
- 通过识别现有测试未覆盖的代码区域，可以使用测试覆盖率来指导测试的编写。
- 虽然覆盖率很有用，但不足以了解测试如何确保代码总是正确执行，因此还要测试代码中不常见的路径。
- 测试依赖项的多种组合既枯燥又容易出错，但使用 tox 可以减少这方面的工作量，并通过自动执行大部分相关步骤来提高测试的安全性。
- 为了最大限度地提高安全性，应充分利用插件和工具提供的选项，将项目限制在配置允许的范围内。

第 **6** 章

自动化代码质量工具

本章涵盖如下内容：
- 在开发流程早期使用静态分析工具发现常见问题
- 为代码质量工具实现依赖项和命令管理自动化
- 在提交代码时执行标准

　　当你继续向各个汽车制造商推销工具时，你开始意识到需要一些帮助，需要雇用另一名开发人员来承担大部分开发工作，如此一来，你便能抽身专注于业务拓展工作。同时你还意识到，需要找到一种有效且快速的方法，让新伙伴能够迅速入职，并在入职第一天便能上手工作。查看正在编写的最新代码，你发现可以从一些基本的质量标准和惯例入手，继续为 CarCorp 和未来的其他客户提供价值。

　　通过第 5 章的内容，你可能想知道有多少代码质量工具可以自动执行，而不用全部手动完成。审查代码的质量和格式问题不仅会让你分心，无法专注于要交付的核心价值，还会造成开发人员之间的关系紧张，尤其是在意见不一致的情况下。在最糟糕的情况下，对不重要细节的争论会让你忽视更紧迫的性能或安全问题(参见 Steven B. Most 撰写的 *How Not to Be Seen: The Contribution of Similarity and Selective Ignoring to Sustained Inattentional Blindness* 一书，https://doi.org/ 10.1111/1467-9280.00303)。通常，让机器来承担这些重复性的工作，并让所有人就那些并不直接影响工作结果的事情达成共识将是更好的选择，而非追求完美。本章将讲解代码质量工具的价值，以及如何将它们有效地集成到软件包中。

重点：可以使用配套代码(http://mng.bz/69A5)检查本章练习的完成情况。

6.1　tox 环境的真正威力

tox 不仅仅是一个测试工具。本章将使用 tox 管理多个不同的代码质量工具。

第 5 章学习了如何使用 envlist 键和[testenv]部分来配置 tox 要创建和运行的环境列表。envlist 的值定义了运行 tox 命令时应默认运行的 tox 环境列表，而[testenv]部分则定义了这些环境的默认配置。运行 tox 命令时，默认使用 envlist 中的环境。这些环境对最常检查的内容(通常是单元测试)最有用。如果经常需要开发和重构，那么通常会在每次更改后都运行测试。这些测试环境作为默认环境非常有意义，因为它们速度快，使用频率高。

可以使用-e 参数指定单个环境。除了 envlist 中定义的环境，还可以为测试以外的任务配置任意环境，例如，为构建项目文档、格式化代码等创建专门的环境。这些活动并不需要像单元测试那样快速，也不需要在每次更改后都进行验证。如果将它们添加到默认环境列表中，就可能会拖慢那些需要快速反馈的开发周期。

我们需要一种能以同质化方式进行配置的方法，帮助管理各种不同的维护活动，同时尽可能缩短周转时间。在这方面，tox 再次证明了它是一个擅于此法的工具。如果你还没有认识到 tox 在自动化方面的强大功能，那么继续学习下面的内容来见识它节省时间的能力。

6.1.1　创建非默认 tox 环境

第 5 章在 setup.cfg 文件中添加了[testenv]部分，其中包括要安装的依赖项和要运行的命令。这些要素是创建任何环境时都要用到的一些基本配置。默认情况下，[testenv]部分的配置会应用于 envlist 中指定的所有环境，但也可以通过为特定环境单独设置其专属部分来对该环境进行个性化配置。

当配置一个默认情况下不运行的 tox 环境时，需要在 setup.cfg 文件中添加名为[testenv:<name>]的部分，其中 name 是环境的名称。运行 tox –e <name>时，tox 会使用[testenv:<name>]部分来设置该环境。该环境接受与[testenv]相同的所有选项，包括 deps 和 commands 键。也可以为 envlist 中的环境提供显式配置。在这种情况下，tox 使用[testenv]部分作为基础配置，并用[testenv:<name>]中的任何键来补充或覆盖基础配置(见图 6.1)。

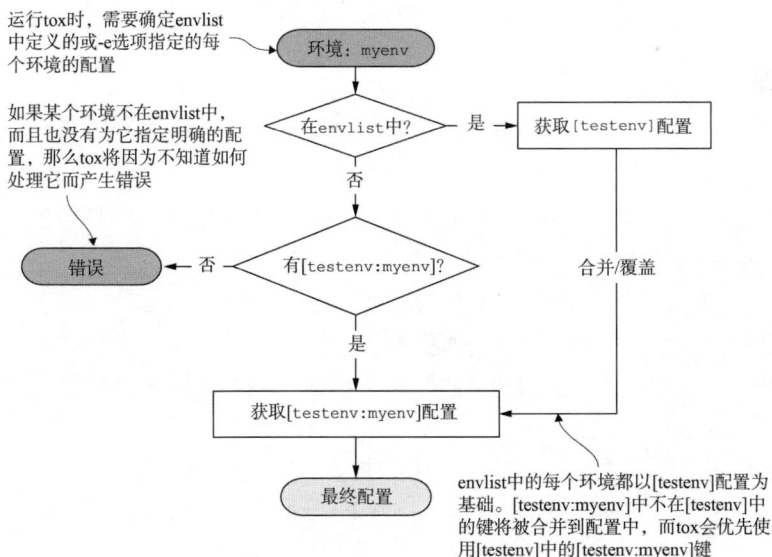

图 6.1　tox 环境可以通过默认配置和显式配置部分来分层配置

练习 6.1

添加名为 get_my_ip 的新 tox 环境，执行以下操作：

(1) 将 requests 软件包作为依赖项安装；

(2) 运行一条命令，使用 requests 获取运行 tox 的机器的 IP 地址，并打印出来。

可以使用 requests.get("https://canhazip.com").text 获取 IP 地址，也可以使用 python -c "# somePythoncode here"作为命令运行 Python 代码。完成后，命令 tox -e get_my_ip 就会打印出 IP 地址。

现在，可以运行 tox 命令来使用 envlist 中列出的环境，这些环境会使用[testenv]部分进行配置。也可以运行 tox -e get_my_ip 来使用 get_my_ip 环境，该环境使用[testenv:get_my_ip]部分进行配置。

注意，get_my_ip 环境仍在执行软件包的安装，尽管该环境并不需要你的软件包来执行其活动。将来，你可能还需要管理多个环境，这些环境需要相同的基本依赖项集，但各自又需要不同的附加依赖项。tox 为这些情况提供了一些额外的配置选项。

6.1.2　跨 tox 环境管理依赖项

单元测试执行的是实际的代码，需要将其安装到环境中才能运行。然而，有些维护工作并不涉及代码本身，不需要安装代码就能成功运行。假设其中一项维护活动是生成更改日志或打印项目的一些诊断统计数据，这些活动可能完全不依赖于软件包的代码，那么安装软件包只会妨碍任务的完成。在这种情况下，可以跳过将软件包安装到相关的 tox 环境中的步骤。

若想跳过某个 tox 环境的安装步骤，则必须在该环境的配置部分添加 skip_install 键，并将其值设置为 True。此时，你仍然可以安装该环境活动所需的其他依赖项，但软件包不会被安装到对应的环境中。这不仅能提高执行效率，还能明确哪些活动需要安装软件包，哪些不需要。

虽然 skip_install 的目的是减少已安装的依赖项，但有时你也可能希望在某些环境中安装额外的依赖项，而不影响其他环境。假设你的某项维护活动使用一个工具来验证导入语句是否都有效。在分析导入的环境中，理应安装你的软件包，以便验证导入它的代码。该环境还需要为分析工具安装软件包。如果希望分析工具还能检查测试，那么它也需要安装测试中可能导入的软件包。如何才能在不重复配置的情况下做到这一点呢？下面将讲解一种特殊的 tox 语法，它允许你引用其他配置部分和键。

注意：完整的配置规范请参见 tox 文档(https://tox.wiki/en/latest/config.html)。

假设导入分析工具位于一个名为 shipyard 的软件包中(shipyard 是检查导入的地方)。可以配置 tox 来安装你的软件包以及在测试中可能导入的其他软件包，但随着项目的增长，这将导致相当多的重复。注意，在代码清单 6.1 所示的环境依赖项列表中，pytest 和 requests 重复出现。在有许多依赖项的大型项目中，这种重复可能会不断增加，并导致开发人员将任何新依赖项添加到每个环境中"以防万一"，因为这比确定哪些特定环境需要这些依赖项要容易得多。

代码清单 6.1　有大量重复的依赖项的简单配置

```
[testenv]                    在测试中导入
deps =
    pytest ◄────                         这个没有被导入，因此不
    pytest-cov ◄────                     需要安装它来检查导入
    requests ◄────
commands =                               代码中可能还有其他
    pytest {posargs}                     导入的依赖项


[testenv:check-imports]
deps =                                   在简单的配置中，依赖
    pytest ◄────                         项会不断重复
    requests
    shipyard ◄────                       这是 check-imports
                                         环境所独有的
```

```
commands =
    python -m shipyard verify
```

　　与其枚举每个环境中的所有依赖项，不如使用 tox 来提取依赖项子集并为其命名。这样可以减少重复，并集中管理依赖项列表，从而确保在每次更新依赖项列表时，每个环境都能更可靠地获得所需的全部依赖项。要在 tox 中引用其他部分的配置，需要指定完整的部分名称(包括方括号)，紧接着是键名，所有这些都放在花括号中(见图 6.2)。

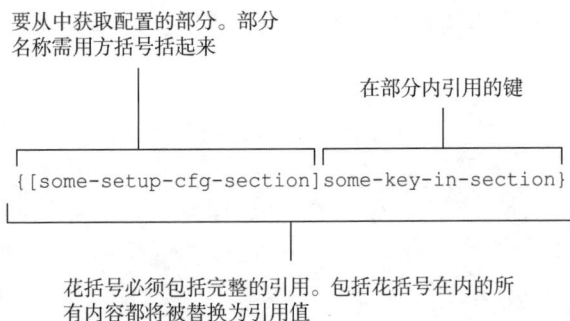

要从中获取配置的部分。部分
名称需用方括号括起来

在部分内引用的键

```
{[some-setup-cfg-section]some-key-in-section}
```

花括号必须包括完整的引用。包括花括号在内的所
有内容都将被替换为引用值

图 6.2　引用 setup.cfg 中其他部分的配置键的 tox 语法

　　可以在 testenv:check-imports 环境中引用 testenv 环境中的依赖项列表，这样就能安装所有必要的依赖项，以便在代码和测试中检查导入。但这也会安装 pytest-cov 软件包，而它并不是必需的，因此显得有点浪费。为了最大限度地提高安装效率，可将必须依赖的最小集合分离到一个单独命名的部分，然后在其他地方引用它。代码清单 6.2 展示了如何通过提取[testimports]部分来更新配置。

　　与之前的部分一样,新的部分包含一个带依赖项列表的 deps 键。它只列出了所有其他环境都需要的依赖项。然后，每个部分都使用{[testimports]deps}引用来引用新部分的依赖项。这就清楚地表明，每个环境都需要 pytest 和 requests，而且每个环境都需要额外的、独特的依赖项。

代码清单 6.2　提取和引用已命名的配置以减少重复

```
[testimports]      ◄──本部分列出了测试
deps =                中导入的软件包
   pytest
    requests

[testenv]                        此环境依赖于
deps =                           testimports 中列
    {[testimports]deps} ◄──      出的相同内容
    pytest-cov ◄──────此环境还进一步扩展
commands =               了依赖项列表
    pytest {posargs}

[testenv:check-imports]
deps =
    {[testimports]deps} ◄── testimports 中的列表可
    shipyard                以在很多地方重复使用
commands =
    python -m shipyard verify
```

这种配置方法虽然比传统方法要多几行，但也并不总是如此。如果测试只导入了少量软件包，那么只需在[testimports]部分列出这些软件包，其他部分不需要更改。随着时间的推移，软件包的复杂性也会增加，这样就能持续地节省管理和维护的开支。

练习 6.2

下列配置中，哪些是正确的？

```
[tox:tox]
envlist = py39,py310
isolated_build = True
[testimports]
deps =
   pytest
   requests
```

```
[testenv]
deps =
    {[testimports]deps}
    pytest-cov
commands =
    pytest {posargs}

[testenv:myenv]
skip_install = True
deps =
    requests
commands =
    python -c "print(requests.get('https:/ /canhazip.com').text)"

[testenv:check-imports]
deps =
    {[testimports]deps}
    shipyard
commands =
    python -m shipyard verify
```

A　运行 tox 命令会使用两个环境。

B　运行 tox 命令会使用 3 个环境。

C　运行 tox 命令会使用 4 个环境。

D　py39 环境安装了 requests 软件包。

E　myenv 环境安装了 requests 软件包。

F　check-imports 环境安装了 requests 软件包。

G　myenv 环境是唯一可以跳过软件包安装的环境。

H　将软件包添加到[testimports]deps 会影响 3 个环境。

I　在[testimports]deps 中添加软件包会影响 4 个环境。

现在，你已经掌握了一些 tox 环境中的依赖项管理，可以将其用于代码质量任务了。

6.2　分析类型安全

Python 是一种动态类型语言——对象的类型在运行时进行评估，因此，对象的类型有可能与预期操作的类型不符。此外，Python 还有 duck 类型。如果一个对象"看起来像鸭子，叫起来像鸭子，那么它就是鸭子"——也就是说，如果一个对象能成功执行预定的操作，那么它就可以被视为操作者所期望的类型来处理。这种灵活性使 Python 成为当今最具生产力的语言之一。类型系统在很多时候都不会妨碍你的工作，反倒可以支持你专注于快速完成你想做的事情。如果传递给下面这个函数的参数太长，那么该函数就会回 True：

```
def too_long(some_list):
    return len(some_list) > 100
```

这个函数的作者可能是想让调用者传递一个 list，但这个函数对集合、字典、字符串等也同样有效，不会出错。事实上，任何定义了 __len__ 方法的对象都可以作为 too_long 函数的参数而不会出错。

这种灵活性也带来了挑战。随着代码库规模的不断扩大，某个地方的某个人可能会使用非预期的数据类型来调用函数、方法或初始化器，且这种可能性会越来越大。最糟糕的情形是，这种调用在编写时可能还能正常工作，但当被调用的代码更新时，这种调用就可能不再适配那些意外的用例了。若希望创建一个他人乐于使用的软件包，往往就得优先权衡用户对向后兼容性的期望。

类型提示(type hinting)于 2014 年被首次提出，并被添加到 Python 3.5 中(详见 https://www.python.org/dev/peps/pep-0484/)，它提供了一种在函数、方法等签名中更明确地提示类型的方法。有了这些提示，阅读代码库并尝试使用函数的人就能很容易地了解函数的用法及作者对函数使用的期望。此外，集成开发环境(IDE)等工具通常都会使用这些提示，在用户使用的类型与给出的类型提示不一致时，提示用户他们调用函数的方式不正确。类型提示和类型检查功能对新加入团队的成员大有裨益，尤其是在他们刚接触项目、尚不熟悉的阶段。

一个更安全的 too_long 版本可能会将输入参数明确定义为一个 list，就像下面这样：

```
def too_long(some_list: list) -> bool:
    return len(some_list) > 100
```

或者，如果开发者意识到该函数能够接受任何定义了 __len__ 方法的对象，则可以参照如下代码，指定 Sized 类型的输入参数即可：

```
from typing import Sized

def too_long(some_object: Sized) -> bool:
    return len(some_object) > 100
```

集合、字典和字符串都是可接受的输入类型，但整数或浮点数等标量值则不可以。类型检查工具可以发现调用与被调用函数的类型提示不匹配的情况，并向开发人员提示错误，以便他们修复调用。

这些类型的静态分析(不需要执行代码的分析)在开发过程中很有帮助，因为通常可以快速、频繁地运行它们。它们还可以被集成到持续集成管道中，第 7 章将对此进行更详细的讲解。

> **Python 代码质量规范组织**
>
> 代码质量领域，尤其是不需要运行代码就能检查代码质量的静态分析工具正在极速发展。Python 代码质量规范组织(Python Code Quality Authority，PyCQA，网址为 https://pycqa.org)主导着多个关键代码质量规范的实现与工具维护，以确保它们随着 Python 和生态系统其他领域的发展而不断更新。本章推荐的一些工具均由 PyCQA 维护。

检查代码的类型提示需要使用 mypy 软件包。

6.2.1　为类型检查创建一个 tox 环境

mypy(https://github.com/python/mypy)是众多可用的静态分析工

具之一，用于验证代码库中的类型安全。mypy 可以检测 Python 代码中没有类型提示的常见错误，并验证所有函数调用是否与你或你的依赖项所添加的类型提示一致。当把 mypy 集成到现有代码库中时，你会获得流畅的使用体验，因为可以逐步添加和检查类型提示，从而确保代码更安全，而无需一次性完成所有更新。

首先，在 setup.cfg 文件中添加一个名为 typecheck 的新 tox 环境。该环境需要安装以下内容：

- 你的软件包，以便正确跟踪代码导入；
- pytest 软件包，以便测试中的导入能被正确跟踪；
- mypy 软件包，以便使用它检查类型安全；
- types-termcolor 软件包，这样 mypy 就能更好地验证你对 termcolor 软件包的使用情况。

配置运行以下命令的环境：

```
mypy --ignore-missing-imports {posargs:src test}
```

这个命令指示 mypy 尽可能多地跟踪导入，而忽略那些无法分析类型的导入。默认情况下，mypy 会分析 src/和 test/目录下的所有代码，但如果你想检查项目的一个子集，可以将特定文件作为位置参数传递给 tox 命令。回想一下，你可以使用 tox 的-e 标志，后跟相应的 tox 环境名称，来运行该环境。接下来使用以下命令运行该环境：

```
$ tox -e typecheck
```

命令输出的末尾应该会显示以下内容：

```
typecheck run-test: commands[0] | mypy --ignore-missing-
➥ imports src test
Success: no issues found in 4 source files
_____ summary _____
  typecheck: commands succeeded
  congratulations :)
```

这就确认了代码目前在类型方面是安全的。从测试驱动开发的角度来看，当前处于"绿色"状态，可以利用它来重构代码。

练习 6.3

src/imppkg/harmony.py 模块中的 main 函数有点长，需要处理很多问题，如下所示：

- 将命令行输入解析为浮点数列表；
- 在可能的情况下计算调和平均数，否则默认为 0.0；
- 格式化并打印输出结果。

由于 main 函数不接受任何参数，也不返回值，因此现在它不太适合进行类型检查。将 main 函数的主体划分为 3 个辅助函数，其签名如下：

```
def _parse_nums(inputs: str) -> list[float]:
    ...
def _calculate_results(nums: list[float]) -> float:
    ...
def _format_output(result: float) -> str:
    ...
```

然后，main 函数应使用这 3 个函数，并打印最终结果。可以使用 termcolor.colored 代替 termcolor.cprint，以字符串形式获取格式化文本，而不需要打印。

完成后，typecheck 环境应仍能成功运行。同时，单元测试应保持不变并继续通过。完成后，可以尝试修改一些类型提示，使其相互不一致，然后重新进行类型检查，看看它是如何响应的；每次类型不一致时，mypy 都会引发一个错误。

现在，mypy 已经可以正常工作了，接下来对它进行配置，以提高工作效率。

6.2.2　配置 mypy

可以在 setup.cfg 文件中添加[mypy]部分来配置 mypy。mypy 配置文档(http://mng.bz/096E)涵盖了大量可用的配置选项。下面是几个最重要的选项。

- python_version——设置为软件包支持的 Python 最低版本。例如，要支持 Python 3.8、3.9 和 3.10，则将其设置为 3.8。

- warn_unused_configs——将此设置为 True，以便 mypy 在添加了其他无效的部分时发出警告。

- show_error_context——将此项设置为 True，mypy 就会在发现问题的行周围显示代码。这有助于理解问题，而不必在命令行和文件之间反复切换。

- pretty——将此项设置为 True，mypy 会输出更多人类可读的错误信息。特别是，mypy 会直观地显示代码中出现错误的列，这可以帮助更快地识别问题。

- namespace_packages——将此设置为 True，这样 mypy 就能找到更多潜在的软件包配置，即找到 PEP 420(https://www.python.org/dev/peps/pep-0420/)中定义的隐式命名空间软件包。当安装了更多有可能成为隐式命名空间软件包的软件包时，这将为类型检查配置提供未来保障。

- check_untyped_defs——默认情况下，mypy 只检查显式添加了类型提示的类型。如果忘记添加类型提示而错误地使用了函数，就可能会漏掉这种情况。将此设置为 true，这样 mypy 就会在尽可能多的地方检查类型是否一致。

将这些键添加到 setup.cfg 文件的[mypy]部分。

类型安全案例研究

urllib3 软件包是一个被广泛使用的 Python 软件包。GitHub 的依赖项图显示有 5 000 多个其他软件包依赖于它。urllib3 团队致力于在项目中尽可能全面且严格地引入类型提示，同时确保不会破坏用户的代码。他们发现，通过添加类型提示，竟然能揭示一些测试覆盖率未能发现的错误和设计缺陷。可访问 http://mng.bz/82Ez，了解他们在一个大型项目中发现的各种改进。

至此，便可以及时发现软件包中出现的任何与类型相关的问题。还可以帮助使用该软件包的用户确保他们使用了正确的类型。为此，请在 src/imppkg/目录中创建一个空的 py.typed 文件。当该文件出现在项目安装的软件包中时，mypy 就会检查该软件包的代码使用是否存在类型相关问题。这就将添加的类型安全扩展到了任何在其应用程序中使用该产品的用户。

注意：py.typed 文件会自动包含在软件包中，这是因为在第 4 章的 MANIFEST.in 文件中添加了 graft 指令。

接下来，将创建一个 tox 环境来自动检查和更新代码的格式。

> **其他类型检查工具**
>
> mypy 最早由 Dropbox 开发，它是使用最广泛的类型检查工具之一，但市面上还有许多其他类型检查工具可供选择。如果想进一步了解这个领域，可以看看这些由各个企业支持的类型检查工具：
> - 微软公司的 pyright (https://github.com/Microsoft/pyright)；
> - Facebook 的 pyre(https://github.com/facebook/pyre-check)；
> - Google 的 pytype(https://google.github.io/pytype/)。

6.3　为代码格式化创建 tox 环境

在实际应用中，代码被阅读的次数要比被编写的次数多得多，因此对代码可读性有一定的要求就显得理所当然。通常情况下，不同开发人员对代码可读性的判定并不一致。这可能会导致人们在审查过程中将大量的时间浪费在缩进、换行及使用单引号还是双引号等问题上。虽然在某些特定情况下，代码的可读性标准并无太大争议，但在编写代码时仍需花时间记住格式。PEP 8(https://www.python.org/dev/peps/pep-0008/)定义了 Python 代码的样式指南。大多数 Python 代码格式化工具都遵循 PEP 8 中的建议，但 PEP 8 并不涵

盖 Python 开发者需要做出的所有格式化决定。每个格式化工具都会
引入自己的一些附加规则，其中一些规则可能会给开发者带来额外
的记忆负担与处理难度。

　　为了减轻这些压力，可以采用自动格式化工具来处理。许多开
发人员都使用集成开发环境来执行这项任务。有些甚至会让集成开
发环境在每次保存文件时自动格式化代码，从而加强对代码格式的控
制。然而，不同的集成开发环境，甚至是使用同一集成开发环境的两
个开发人员，在设置不同的首选项时，格式化风格也会不同。使用一
致的格式化风格可确保团队的拉取请求不会持续地因为最近更新代
码的开发人员来回重新格式化而导致代码存在差异性的增删改动。

　　black 软件包(https://black.readthedocs.io/en/stable/)能够使用很少
的配置选项来对 Python 代码进行统一格式化，这样绝大多数 Python
项目的代码在格式化后都是可读的。它可以自动更新不符合风格的
代码，从而快速地重新格式化整个代码库和添加的任何新代码。
black 还偏好在更改时产生较小差异的代码，例如，在多行列表或字
典中始终使用逗号。请查看下面这段将字符串列表赋值给变量的代码：

```
a = [
    "one",
    "two",
    "three"        ◄───┐ 最后一项不
]                       └ 包含逗号
```

由于这段代码没有为列表中的最后一项使用逗号，因此在列表
中添加第四个字符串会产生类似下面的差异：

```
--- before.py ...
+++ after.py ...
@@ -1,5 +1,6 @@
 a = [
    "one",              ┌ 鉴于添加了一个逗号，
    "two",              └ 这一行显示为已删除
-    "three"    ◄──┐
+    "three",   ◄──┘    ┌ 添加的一行
                        └ 包括逗号
```

```
+    "four"  ◄──── 带有新字符串的新行
 ]               显示为已添加
```

注意，差异显示的是删除的一行和添加的两行，尽管修改的本质是在列表中添加一个新项。black 更喜欢使用逗号，这样差异就能更真实地反映这一点。接下来看一个在第三个列表项后面加上尾逗号的例子。在添加第四项时，如果在第四项后面加上一个逗号，那么差异就会变成这样：

```
--- before.py   ...
+++ after.py    ...
@@ -2,4 +2,5 @@
   "one",
   "two",
   "three",   ◄──── 在已有逗号的情况下，
                    这一行保持不变
+    "four",   ◄──── 只有新字符串
 ]                  显示为添加
```

由于代码的标点符号没有改变，因此现在的差异更简洁明了。在对代码进行较大幅度的修改时，这些微小的简化能够为团队带来更便捷的审核。

black 软件包的一个最大特点是，默认情况下，它会确保格式化前后的代码具有相同的抽象语法树(https://docs.python.org/3/library/ast.html)。也就是说，格式化前后的代码在功能上是完全等同的。因此，可以高度确信 black 所做的更改是严格意义上的非功能性更改。

练习 6.4

在 setup.cfg 文件中，配置一个名为 format 的新 tox 环境，用于检查和格式化代码。该环境有一个依赖项——black 软件包。该环境应运行一条命令 black，并使用前面学到的 tox 的 posargs 语法设置以下默认选项：

- --check——检查代码格式，但不实际更改格式；
- --diff——显示格式化前后的代码差异，black 修改的地方。

- src test——要检查格式的代码区域。

完成后，就可以运行 tox -e format 检查软件包代码的格式，并运行 tox -e format src test 来重新格式化代码。进行这些检查，以确定 black 是否发现了任何可以更改代码格式的机会。如果有，就让环境自动进行这些更改。

配置 black

可以使用 pyproject.toml 文件中名为[tool.black]的新部分配置 black 软件包。注意，black 不支持使用 setup.cfg 文件。如本章前面所述，black 的配置选项很少(http://mng.bz/9V5q)。以下是两个最值得注意的选项。

- line-length——用于设置允许的最大行长，默认为 80。如果可能，超过此值的行将重新格式化为跨两行或更多行。
- target-version——代码应兼容的 Python 版本列表。这可以防止 black 使用比所支持的 Python 版本更新的语法。

大部分代码都应该将行长设置为最易读的长度。例如，我更喜欢使用 100 或 120 作为行长，因为 80 的行长会导致在大型项目中使用较长的描述性变量名和方法名时，出现大量的代码被折行。

为了保持一致，target-version 列表应该与支持和测试的 Python 版本列表相匹配。第 5 章中指定了一个包含至少两个 Python 版本的 envlist。这些相同的 Python 版本也应在 black 配置中有所体现。例如，如果需要支持 Python 3.8 和 3.9，那么 black 的配置可能如下所示：

```
[tool.black]
line-length = 120
target-version = ["py38", "py39"]
```

使用新配置再次运行 format 环境，看看 black 是否应该根据新配置重新格式化任何内容，如果是，则重新格式化代码。

最后，跳过软件包安装步骤可以加快 format 环境的运行速度。由于 black 只是静态地检查代码，不会根据 import 语句或代码的其他功能执行任何操作，因此可以避免在 tox 环境中安装软件包。在之前创建的[testenv:format]部分中添加 tox 的 skip_install 键(值为 True)，可以跳过软件包安装。

现在，只需一条命令，就能让代码保持一致的格式。6.4 节将学习如何针对代码中的常见错误配置自动检查。

> **其他代码格式化工具**
>
> black 正在迅速成为最流行的格式化工具之一，并且已被 Python 软件基金会(Python Software Foundation)采纳，用于进一步开发。尽管如此，由于其主观性和缺乏可配置性，它并不能满足所有人的需求。若要进一步了解，可以查看其他流行的格式化工具:
> - autopep8 (https://github.com/hhatto/autopep8);
> - 来自 Google 的 yapf (https://github.com/google/yapf)。

6.4　为 linting 创建一个 tox 环境

Python 中的一些错误和冗余代码非常常见。对于那些可以通过抽象语法树或其他静态分析检测到的错误，我们可以进行自动扫描。下面的函数使用空字典作为输入参数的默认值，并在函数体中对该字典进行更新:

```
def remove_params(
    param_names: list[str],
    all_params: dict = {"default_key":      如果没有提供字典,
➥ "default_value"}                          则使用默认字典
) -> dict:
    for param in param_names:               无论是提供的字典还
        all_params.pop(param)               是默认的字典,都会被
    return all_params                       更新并返回
```

这看似平淡无奇，但事实证明，使用可变的默认参数值非常危险。可变的默认参数值在模块被导入时会一次性初始化，之后在 Python 进程中保持不变。这意味着可以调用一次 remove_params (["default_key"])，从默认字典参数中删除"default_key"键。但随后对 remove_params 函数的调用将以 KeyError 失败，因为默认参数不会被重新初始化，而"default_key"键已经从字典中删除了。

与代码格式化一样，检查这类常见问题通常是集成开发环境的默认行为，但根据不同的集成开发环境，如果错误或警告当前没有导致运行时异常或测试失败，那么它们就很容易被忽略。为了确保这些情况不会被忽视，可以在 tox 设置中加入一个工具来进行这种扫描，通常称之为 linting。linting 可杜绝项目中存在未使用的代码，如未使用的导入语句。linting 还能识别那些可能不会立即导致错误或异常，但日后可能会以难以识别的方式导致错误或异常的代码，例如，在长字典中使用重复键。

flake8 软件包(https://flake8.pycqa.org/en/latest/)是 PyCQA 维护的另一个项目，它将其他几个较小的代码质量工具整合到一个命令行界面中。flake8 凭借其强大的检查覆盖范围而备受赞誉，同时管理起来并不复杂：

- pyflakes(https://github.com/PyCQA/pyflakes)；
- pycodestyle(https://github.com/PyCQA/pycodestyle)；
- mccabe(https://github.com/PyCQA/mccabe)。

提示：mccabe 软件包用于测量代码复杂度。对我来说，自动化地设置代码复杂性阈值只是个小问题。当我确实想测量复杂度时，更倾向于使用 radon(https://radon.readthedocs.io/en/latest/)，因为除了提供 McCabe 指标，它还能测量更多指标。虽然 flake8 包含了 radon，但除非你愿意，否则不需要使用 mccabe。

flake8 也是一个基于插件的架构，其社区提供了许多扩展来增强其行为。例如，flake8-bugbear (https://github.com/PyCQA/flake8-bugbear)可以解决一些 flake8 默认情况下无法解决的常见问题，如使用可变默认参数 (参见 " Mutable Default Arguments "，*Real Python*，http://mng.bz/jA28)。只要安装了 flake8-bugbear，flake8 就会自动利用

其功能。flake8 及其扩展可共同发现各种常见问题，并以可操作的格式列出这些问题。flake8 识别的每个问题都会打印出以下信息：

- 包含错误的文件的名称；
- 出现问题的文件的行号和列号；
- 存在错误的代码；
- 提示出错原因的消息，通常为纠正措施提供足够的信息。

练习 6.5

在 setup.cfg 文件中，配置一个名为 lint 的全新 tox 环境，用于对项目代码进行 linting。该环境有两个依赖项——flake8 和 flake8-bugbear 软件包。该环境应运行一条命令，即使用之前学到的 tox 的 posargs 语法来运行 flake8，并附带默认选项 src test。这将指示 flake8 lint 要检查哪些代码区域。

完成配置后，就可以运行 tox -e lint 来对你的包进行代码 lint。运行该检查以确定 flake8 是否在代码中发现了问题。如果在检查的过程中发现与行长有关的问题，可在阅读完 6.4.1 节之后再进行修复，同时也可以先修复 flake8 发现的其他问题。

配置 flake8

可以使用 setup.cfg 文件中新增的[flake8]部分配置 flake8。flake8(http://mng.bz/WMxl)的主要配置选项包括微调某些检查，以及完全忽略某些检查。应该先运行所有检查，了解哪些检查没有价值。

现在，首先要确保 flake8 被配置为允许使用与 black 相同的最大行长。black 使用的是 line-length 选项，而 flake8 使用的是 max-line-length 选项。配置好行长后，再次运行 flake8，确保不会出现其他问题。

替代 linter

虽然 flake8 的默认设置就能满足需求，但也可以对它进行一些扩展，以达到理想的效果。如果你正在寻找一种更强大、也许不完全契合你的需求，或者只因为它有些与众不同，不妨看看下面的

linter 工具：

- pylint(https://github.com/PyCQA/pylint/);
- prospector(https://github.com/PyCQA/prospector);
- bandit(https://github.com/PyCQA/bandit)，它特别注重安全性；
- vulture(https://github.com/jendrikseipp/vulture)，它特别注重清理未使用的代码。

你也可以单独使用 pyflakes、pycodestyle 或 mccabe。

使用 linting 来增强单元测试，便可以高枕无忧了，因为你完全可以相信代码会按照期望的方式运行，而不会为日后埋下任何隐患。

走到这一步，表明你已经成功配置了用于检查代码类型、格式和进行代码 lint 检查的 tox 环境。虽然已经设置了一些重要的配置，且提供了执行静态分析的统一方法，但你仍可能会觉得定期运行这些配置太过烦琐。每次修改代码时，都需要运行以下程序，以充分执行构建的所有检查：

- tox 测试代码；
- tox -e typecheck 对代码进行类型检查；
- tox -e format (有时是 tox -e format src test)格式化代码；
- tox -e lint 用于检查代码是否存在常见错误。

可以使用以下命令并行运行所有命令，以加快处理速度：

```
$ tox -p -e py39,py310,typecheck,format,lint
```

但是，即使这样做也会感到很乏味，偶尔可能还会忘记某个步骤。持续集成实践能够通过对你所做的每项更改进行重要检查，来弥补这些不足。准备就绪后，请继续阅读第 7 章。

练习答案

6.1 答案

```
[testenv:get_my_ip]
deps =
```

```
    requests
commands =
    python -c "import requests; print(requests.get('https:/
/canhazip.com').text)"
```

6.2 答案　A、D、E、F、G、H

- (A)、B 和 C：tox 默认使用 envlist 中的环境。envlist 列出了两个环境。
- (D)：是的，因为它在[testimports]deps 中，而[testenv]deps 是[testimports]deps 的扩展，而且 py39 使用[testenv]进行配置。
- (E)：是的，因为它被明确列出。
- (F)：是的，因为它在[testimports]deps 中，而[testenv:check-imports]deps 扩展了它。
- (G)：是的，因为安装总是自动进行，除非你明确选择退出。
- (H)和I：总共有 4 个环境——envlist 中的 2 个环境(使用[testenv]deps 扩展[testimports]deps 的环境)、myenv 环境和 check-imports 环境。myenv 环境没有引用[testimports]deps，因此不受影响，而剩下的共 3 个环境都受影响。

6.3 答案　参阅本章的配套代码。

6.4 答案　参见本章的配套代码。

6.5 答案　参见本章的配套代码。

6.5　小结

- 虽然 tox 常用于测试，但它也是一个高效的通用任务管理工具。
- 类型检查可提高对正确使用代码预期接口的信心。
- 可以自动处理或规避那些与要交付的核心价值无关的决策。
- 利用 linting 工具来找到单元测试可能无法发现的常见问题。

第III部分

让软件包走进公众视野

　　无论打包软件的初衷如何，最终往往都会计划在日常工作之外，至少在一种情境下共享工作成果。与你共享代码的人很可能会发现错误或希望添加新功能。随着项目需求的不断变化和增长，你可能会惊讶地发现自己的能力逐渐捉襟见肘。为了最大化项目的生产效率以及促进各方贡献，你应该接受任何愿意提供帮助的人的协助。

　　本部分将把打包项目带入协作模式。你将加强自身的项目管理流程，在你或团队成员对代码进行更改时加入自动检查；提供有用的文档，以便团队和用户了解项目；定期更新依赖项和语法，防止项目过时。

第 7 章

通过持续集成实现工作自动化

本章涵盖如下内容：
- 使用 GitHub 操作自动检查每次代码更改的质量
- 为各种平台构建发布软件包
- 向 PyPI 公开发布软件包

前面几章已经建立了一套任务体系，每次更改软件包时都要执行这些任务，以确保其功能性和代码质量。这在建立对更改的信心方面迈出了一大步，但在本地计算机上完成所有这些工作仍存在很大的局限性，这一点你在与 CarCorp 团队交流时已经显现出来。你可能很难记住要验证更改的所有步骤，对于那些刚投身项目工作的人来说更是如此。即使他们尽职尽责，你也无法直接验证他们在本地运行的命令，除非对他们实行监督。这对于一个只有几个人的团队来说非常困难,在开源世界中就变得几乎不可能了,因为作者可能根本没机会认识代码修改者。

本章将为软件包创建一个自动化管道,使打包过程的几乎所有方面都实现自动化——当然,除了编写代码。在深入了解设置管道的细节之前,首先需要了解整体流程。

重点: 可以使用配套代码(http://mng.bz/69A5)检查本章练习的完成情况。

7.1 持续集成工作流

假设,项目新加入了几名开发人员,以继续承接新的车辆客户。在过去的几周里,团队一直在为软件包的下一个发行版本做准备,终于在今天早些时候发布了新版本。就在团队庆祝时,手机不停地震动让你察觉到出了问题。原来,在发行前进行最后修改的开发人员忘记进行单元测试了,结果最后的更改竟然破坏了一项核心功能。

为此,你需要搭建一个系统,让参与项目的每个人都能轻松确认自己当前环境下的状态,并为每个更改开发有价值的自动检测机制。随着项目的不断发展壮大,这些持续集成系统必将成为提高工作效率和增强信心的又一重要手段。

定义: 持续集成(continuous integration,CI)是一种尽可能频繁地将更改纳入项目开发主流的做法,以最大限度地减少偏离期望或预期行为的情况。这与大型软件项目的早期实践截然相反,在大型软件项目中,开发工作可能要持续数月或数年才能合并和发行。而 CI 鼓励小规模的增量更改,目的是更早、更频繁地交付价值。

有关持续集成的深入介绍,请查阅 Christie Wilson 所著的 *Grokking Continuous Delivery*(Manning,2022,http://mng.bz/82M5)一书,该书已由清华大学出版社引进并出版,中文书名为《持续交付图解》;还可查询 Mohamed Labouardy 所著的 *Pipeline as Code*(Manning,

2021，https://www.Manning.com/books/pipeline-as-code)一书。

　　大多数持续集成工作流都包含相同的基本步骤，如图 7.1 所示。自动构建和自动测试是当前流程中尚未实现的部分。

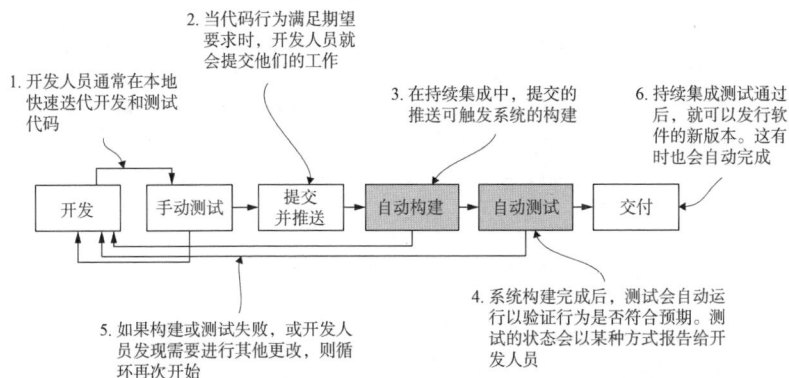

图 7.1　基本的持续集成工作流为开发人员提供了一个关于其更改的自动反馈循环

　　由于自动构建和自动测试是在共享位置统一执行的，因此你和你的团队可以验证给定的更改是否按预期运行，而不需要考虑更改者在本地执行了哪些测试步骤。这是一个关键的转变：本地测试现在可以专注于编写新测试或在快速迭代中更新现有测试，而运行完整的测试套件则成为一种可选的便利。开发人员在实施过程中可以根据自己当前的能力和需求进行选择，而不是被迫遵循某种特定的测试方式。

　　现在，你已经熟悉了持续集成的基本流程，可以开始使用免费的工具来构建持续集成系统了。

7.2　使用 GitHub Actions 进行持续集成

　　在合并任何新代码之前，你决定项目的每一项更改都应在共享环境中使用 CI 管道进行验证、记录和发布。这样可以消除因某个人的本地配置差异而导致的更改问题，并防止出现某人从自己的计算机上发布的软件包版本并未同步到代码库的情况。因为你的团队一直使用 GitHub 来托管代码库和协作修改，所以你决定试试 GitHub Actions(https://github.com/features/actions)。

其他持续集成解决方案

虽然我在本书中选择介绍 GitHub Actions，但它只是众多选项中的一个。大多数持续集成解决方案在概念上都很相似，因此学习一个不同的平台往往只需要理解其特定的术语和用法。

以下是一些广泛使用的云优先 CI 解决方案：

- GitLab CI/CD(https://docs.gitlab.com/ee/ci/)；
- CircleCI(https://circleci.com/)；
- Azure DevOps(https://azure.microsoft.com/en-us/services/devops)；
- Google Cloud Build(https://cloud.google.com/build)。

如果个人或组织的工作云提供商是上面的任意一个，那么选择其中之一来搭建持续集成系统即可。Jenkins(https://www.jenkins.io/)是一种开源解决方案，因此使用它的工作量会更大，但如果追求完全的端到端控制，则它可能是不错的选择。

我强烈建议大家不要使用 Travis CI，因此我在此也没有给出它的链接。虽然它曾是最受开源项目欢迎的平台之一，但自 2019 年被收购以来，它的功能开发缓慢、沟通不畅、安全问题频发，而且还在逐步转向付费计划。

要有效地使用 GitHub Actions，还需要了解高层级的工作流、GitHub Actions 的专用术语，以及本章后面介绍的配置方式。

7.2.1 高级 GitHub Actions 工作流

在新管道中，每当打开一个拉取请求或向 GitHub 推送新提交时，CI 管道就会从分支中检查代码，且并行执行以下操作：

- 使用 black 和 format tox 环境检查代码格式。
- 使用 flake8 和 lint tox 环境对代码进行 lint 检查。
- 使用 mypy 和 typecheck tox 环境对代码进行类型检查。
- 使用 pytest 和默认 tox 环境对代码进行单元测试。
- 使用 build 构建源代码发布软件包。
- 使用 build 和 cibuildwheel 构建二进制 wheel 发布软件包(本章后面会有更多介绍)。

每当为一个提交打上标签时，管道都会额外地将发布软件包发布到 PyPI。图 7.2 展示了这一流程的大致情况。

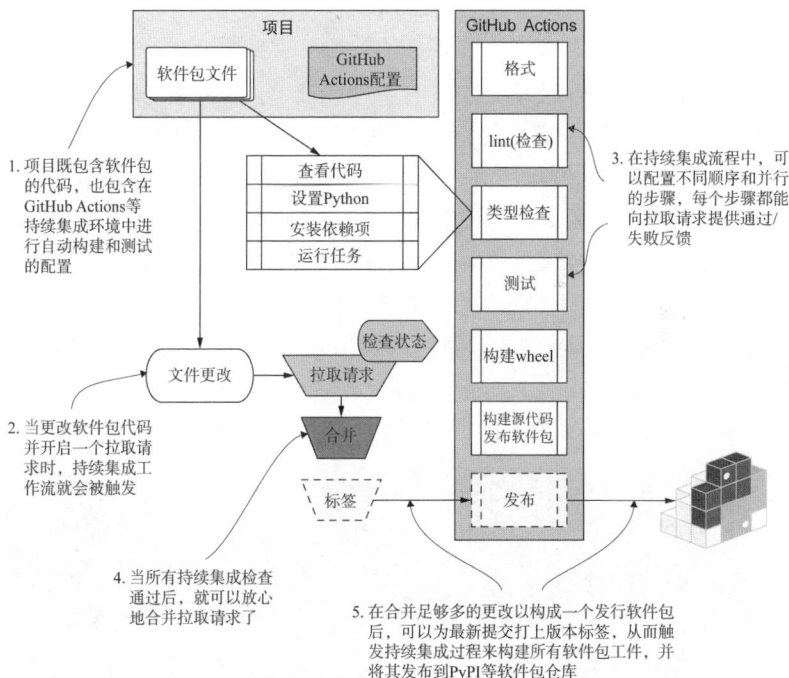

图 7.2　使用 GitHub Actions 打包 Python 的持续集成管道

这样能把所有的测试和代码质量工作都锁定在自动化管道中。将来，如果改变了某个 tox 环境的工作方式或添加了新的检查类型，也可以轻松地将它们添加到管道中。这项投资将为我们创建的每个新流程带来回报。

7.2.2 理解 GitHub Actions 术语

需要使用以下 GitHub Actions 概念来构建 CI 管道：

- 工作流——CI 管道的最高粒度。可以创建多个工作流来响应不同的事件。
- 作业——为工作流定义的高级阶段，如构建或测试某项内容。
- 步骤——在作业中定义的具体任务，通常由单个 shell 命令组成。步骤还可以引用其他预定义的操作，这在执行代码检查等常见任务时非常有用。
- 触发器——触发工作流的事件或活动。即使触发了工作流，也可以使用表达式有条件地跳过工作流中的作业。
- Expression(表达式)——由 GitHub 特定的一组条件和值构成，可以通过检查这些条件和值来控制 CI 管道的执行。

目前，我们只需要一个由多个作业组成的工作流，其中一些任务会根据触发事件有条件地执行。每个作业都包含几个类似的步骤，用于安装依赖项和工具，最后运行任务。工作流由创建的拉取请求和标签触发。图 7.3 显示了与之前相同的 CI 管道，不同的是，这次指出了这些不同的活动部分是如何映射到 GitHub Actions 的概念中的。

> **深入了解 GitHub Actions**
> 教授 GitHub Actions 的全部内容超出了本书的讨论范围，如果想深入探索更多功能，可以参考 GitHub 提供的学习材料(http://mng.bz/E0WX)。

掌握这些术语后，就可以开始为软件包构建 GitHub Actions 工作流了。

重点：如果你还没有将项目置于 Git 仓库版本控制之下并推送到 GitHub，那么现在是一个好时机。如果你不熟悉 Git 或 GitHub，

建议在此稍作停留，花点时间去了解和学习它们。其官方文档
(http://mng.bz/N56v)和 Mike McQuaid 所著的 *Git in Practice*(Manning，
2014，https://www.Manning.com/books/git-in-practice)一书都是很好
的学习资源。

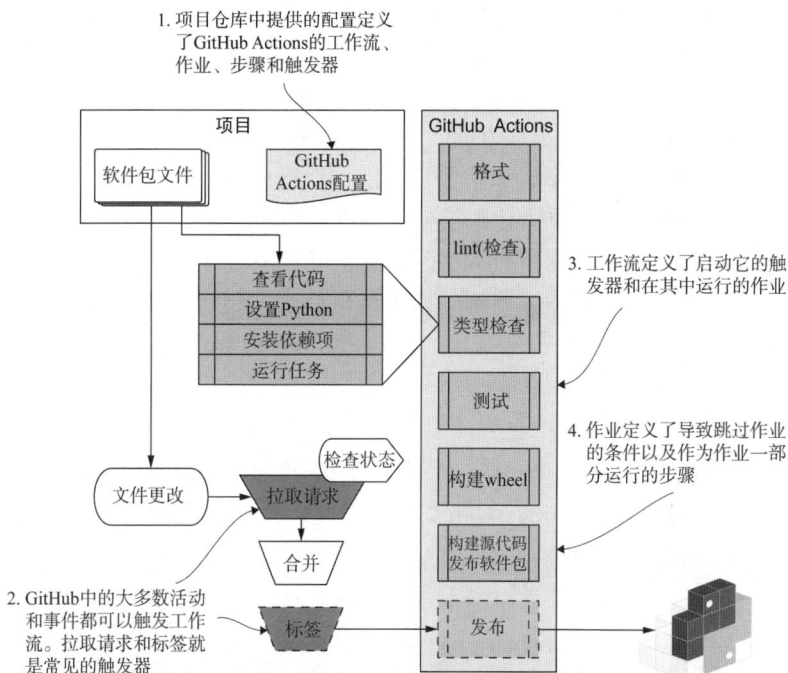

图 7.3　持续集成管道的不同部分对应 GitHub Actions 的不同概念

7.2.3　启动 GitHub Actions 工作流配置

可以使用 YAML(https://yaml.org/)配置 GitHub Actions 的工作
流。可以用一个 YAML 文件来指定作业和步骤。首先在仓库中新建
一个分支。在项目根目录下创建.github/目录(如果还没有这个目录)。
在.github/目录中新建一个名为 workflows/的目录。GitHub 会自动识
别.github/workflows/目录中扩展名为.yml 的文件，并将其视为有效
的工作流定义。

可以为工作流配置文件取任何名称，但当一个项目只配置了一个工作流时，使用 main.yml 这个名称是很常见的做法。也可以使用一个能表明工作流用途的名称，如 packaging.yml。现在就在.github/workflows/目录下创建一个空的配置文件。

每个 GitHub Actions 工作流必须至少包含以下几个字段。

- name——一个易辨识的字符串，会在 GitHub 界面的某些地方显示。
- on——触发工作流的一个或多个事件的列表。
- jobs——一个或多个要执行的作业的映射。

反过来，一个作业必须至少包含以下几个字段。

- Key——机器可读的字符串，用于在管道中引用其他作业。通常，这是作业名称的一个简化版本，只包含字母和连字符。
- name——一个易辨识的字符串，该名称会在 GitHub 界面上显示。
- runs-on——作业要使用的 GitHub Actions 运行器。对于大多数目的而言，ubuntu-latest 是一个很好的选择。可以在 runs-on 文档(http://mng.bz/PnKP)中查看所有可用的运行器。
- steps——要执行的一个或多个步骤的列表。

最后，步骤可以采用以下两种格式之一。

- 对预定义操作的引用，如 GitHub 或第三方提供的官方检查操作(https://github.com/actions/checkout)。这种格式指定了一个 uses 键，其值引用了该操作的 GitHub 仓库和一个可选的版本字符串，并用@字符分隔。
- 在 GitHub 界面的某些部分显示的一个易辨识的 name 字符串，以及一个指定要运行的命令的 run 字段。

代码清单 7.1 展示了如何将这些部分整合到一个示例工作流配置中。

代码清单 7.1 GitHub Actions 工作流示例

```
name: My first workflow          ← 易辨识的工作流名称
```

```
on:
  - push          工作流由推送的
                  代码和标签触发

工作流的作业
                        作业的机器可读键
    jobs:
      say-hello:
        name: Say Hello        作业的易辨识名称
        runs-on: ubuntu-latest        作业使用基于 Ubuntu 的最新运行器
        steps:
作业的        - uses: actions/checkout@v3        使用官方检出操作来检出代码
步骤
          - name: Say Hello        运行自定义名称和命令的步骤
            run: echo "Hello"
```

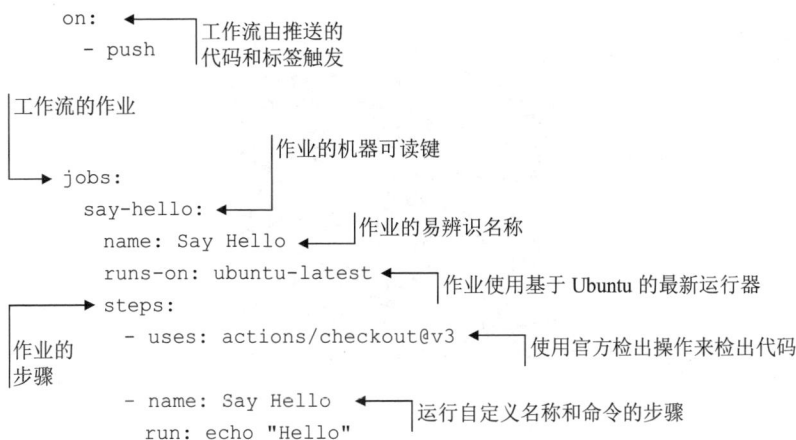

　　运行时，工作流会检查触发工作流的分支或标签的代码，然后运行 echo 命令以向其问好。如果触发推送事件的是一个拉取请求，GitHub Actions 会在该拉取请求页面的底部报告待处理状态(见图 7.4)。

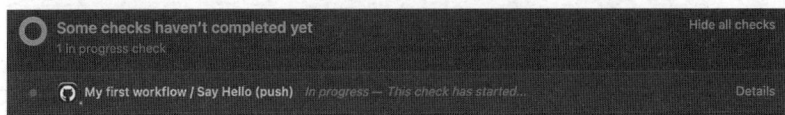

图 7.4　拉取请求底部显示的待定 GitHub Actions 工作流

　　工作流完成后，GitHub Actions 会在拉取请求页面显示完成状态(见图 7.5)。

图 7.5　拉取请求成功完成后的 GitHub Actions 工作流

　　可以单击工作流作业上的 Details 链接，查看各个步骤的输出(见图 7.6)。还可以在仓库的 Actions 选项卡上找到之前运行的所有作业。GitHub Actions 会在你定义的步骤前后执行一些特定步骤。

可以单击步骤名称展开并查看其输出，这有助于更好地理解
GitHub 或第三方提供的操作(见图 7.7)。

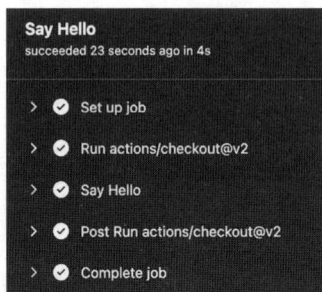

图 7.6　GitHub Actions 工作流作业的详细步骤和输出。有些步骤是用户自定义
的，有些则是 GitHub Actions 内置的

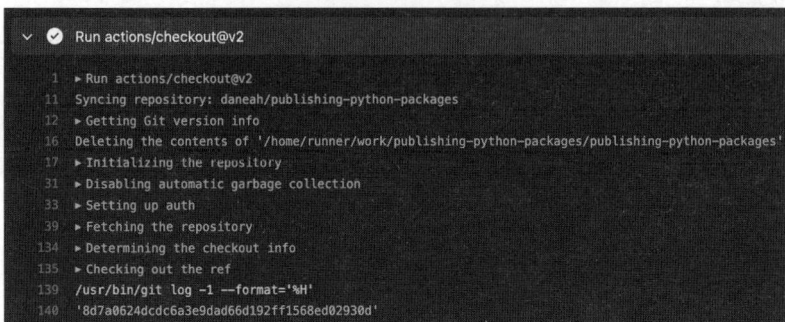

图 7.7　官方检出操作的输出显示了从触发事件的分支或标签中检出代码时
所涉及的所有步骤

还可以使用输出来确认或调试自己创建的步骤，例如，确保记
录的值与预期的一致(见图 7.8)。

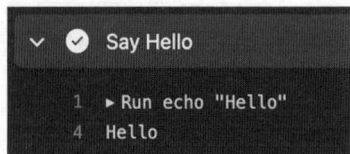

图 7.8　显示工作流作业步骤中指定的命令及其输出

当工作流出现故障时，浏览 GitHub Actions 界面的不同层级(不同部分)对于发现故障原因和修复方法尤为重要。这些区域会显示失败的单元测试结果，以及关于代码格式不正确或工具发现的其他代码质量问题等消息。

> **练习 7.1**
>
> 在仓库的新分支上，执行以下操作。
>
> (1) 在项目根目录下创建.github/目录(如果该目录尚不存在)。
>
> (2) 在.github/目录中新建一个名为 workflows/的目录。
>
> (3) 在.github/worfklows/目录中为工作流配置创建一个 YAML文件。工作流配置文件可以随意命名，但当一个项目只配置了一个工作流时，使用 main.yml 名称是一种常见做法。也可以使用一个能表明工作流用途的名称，如 packaging.yml。
>
> (4) 在工作流文件中，添加代码清单 7.1 中的示例 YAML。
>
> (5) 提交并将更改推送到 GitHub。
>
> (6) 开启一个拉取请求。
>
> 完成这些步骤后，应该会看到 GitHub Actions 在拉取请求上触发了工作流。请确认工作流成功并执行了定义的步骤。将 echo 命令改为新字符串，并推送新提交。工作流将再次触发，输出将反映出更新后的字符串。

现在，已经创建了一个可用的 GitHub Actions 工作流，可以向其中添加真实任务了。

7.3　将手动任务转换为 GitHub Actions 工作流

前面讲解了 GitHub Actions 中持续集成的高级流程。接下来，将注意力转向工作流中需要执行的具体作业和步骤。其中，一些作业与第 5 章和第 6 章中创建的 tox 环境紧密相关。大部分作业都可以并行运行，唯一例外的是发布作业，需要等待其他作业都成功后才能继续，这样才能确保只有经过验证的更改才会被发布。图7.9 列举了需要执行的作业。

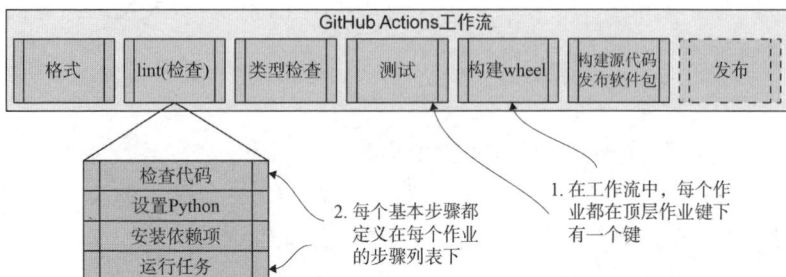

图 7.9　Python 打包工作流中的作业。每个作业都有一组类似的步骤

现在，需要更新工作流配置以使用更明确的name 值，删除say-hello 作业，并添加真正的作业。将工作流重命名为 Packaging，并删除 say-hello 作业。要添加新作业，先要从检查代码格式的作业开始。该任务需要完成以下作业：

(1) 使用 actions/checkout@v3 操作检出代码。

(2) 使用 actions/setup-python@v4.0.0 操作设置软件包支持的最新 Python 版本。可以使用 with 键指定 Python 版本，并为其下方的 python-version 键指定一个值。务必要将 Python 版本放在引号中；否则 YAML 会将版本解释为浮点数。

(3) 安装 tox。通过使用 setup-python 操作，所请求的 Python 版本将作为 python 命令出现在步骤的 run 值中。

(4) 使用 tox 为作业运行适当的环境。在本例中，将使用 format tox 环境。

注意：你可能会注意到配套代码在(http://mng.bz/69A5)某些步骤中还包含了 working-directory 键，但这只是因为软件包目录并不位于 Git 仓库的根目录中。如果软件包位于 Git 仓库的根目录下(如果你按序阅读本书并同步进行操作，那么你的软件包应该是位于 Git 仓库的根目录下的)，就应该忽略 working-directory 键。

接下来，添加新作业到工作流中，添加完作业后，请返回此处继续。务必使用 name 键为每个作业和自定义步骤命名，使其更易辨识。你的工作流文件应该与代码清单 7.2 类似。

代码清单 7.2　用于检查 Python 代码格式的 GitHub Actions 作业

```
name: Packaging          ◄──── 确保工作流名称
                                始终彰显其目的
on:
  - push

jobs:             检查代码格式
  format:    ◄──  的作业
    name: Check formatting       确保作业名称也
                            ◄──  能彰显其目的
    runs-on: ubuntu-latest
    steps:
      - uses: actions/checkout@v3
      - uses: actions/setup-python@v4.0.0  ◄──  安装所需的
        with:                                    Python 版本
            python-version: "3.10"
                                    为已安装的 Python
      - name: Install tox    ◄──────  安装 tox
        run: python -m pip install tox
                                 使用 tox 来运行
      - name: Run black   ◄──────  格式检查环境
        run: tox -e format
```

添加新作业后，提交更改并推送到 GitHub 上的相应分支。工作流将再次触发，如果格式化检查在本地通过，那么在 GitHub 上也会顺利通过。

练习 7.2

检查代码格式的作业与对代码进行 linting 及类型检查的作业几乎完全相同，只有 tox 环境和 name 值有所不同。添加一个 linting 作业和一个类型检查作业。

记住，默认情况下多个作业是并行运行的。推送包含这些作业的更改后，应该会看到 3 个作业并行执行。

现在，所有代码质量检查作业都已准备就绪。你应该略感平静。不过，在让这些自动化流程完全接管我们的工作之前，还需要学习 GitHub Actions 的一些其他功能，然后才能开始测试和构建作业。

7.3.1　使用构建矩阵多次运行作业

记得在第 5 章中，tox 可以创建一个构建矩阵，在多个配置中运行测试。GitHub Actions 也提供了类似的功能。可以将 GitHub Actions 的矩阵功能与 tox 的矩阵功能结合使用，为特定的 tox 测试环境安装合适的 Python 版本。

注意：也可以通过不同的作业来实现这个功能，但和 tox 一样，使用矩阵功能可以避免大量重复的手动配置，尤其是当需要支持许多配置变量时。

可以使用 strategy.matrix 键来告知 GitHub Actions，某项特定作业应在多种组合下运行。嵌套在 strategy.matrix 键中的每个键都可以由用户自行指定名称，每个键都代表矩阵扩展中的一组选择。每个键的值都是一个映射列表，每个映射都提供了一组变量，这些变量将被替换到特定的作业实例中。

例如，在 strategy.matrix 中定义了 4 个键，每个键都有一个包含 4 个变量映射的列表，那么矩阵将有 16 种组合，作业将在这 16 种变量组合中的每一种下运行。可以使用 GitHub Actions 上下文 (http://mng. bz/DDgA)中的矩阵值来引用这些被替换的变量。代码清单 7.3 中展示了一个使用矩阵来定义作业的语法示例。如需全面参考，也可参阅 GitHub 文档(http://mng.bz/J2pv)。

代码清单 7.3　使用矩阵构建策略的 GitHub Actions 作业

```
test-color-a11y:
  name: Test color accessibility
```

```
runs-on: ubuntu-latest

strategy:
  matrix:
    text-color:          ← 文本颜色是矩阵
                             的一个因子
      - value: "#000000"  ← text-color.value
      - value: "#33A5F3"     变量有 4 个选项
      - value: "#59FFE9"
      - value: "#999999"
    background-color:    ←
      - value: "#000000"     背景颜色是另一个
      - value: "#336633"     矩阵因子
      - value: "#989A5F"
    standard:
      - name: "WCAG"     ← 矩阵因子的每个选项
        level: "AA"         都可以有多个变量
      - name: "WCAG"
        level: "AAA"

  steps:                       本步骤将针对 24 种可能的
    - name: Check accessibility  ← 组合中的每一种组合运行
      run: |
        echo Checking ${{ matrix.text-color.value }} ←
          on ${{ matrix.background-color.value }}
          for ${{ matrix.standard.name }}           每个矩阵因子
          level ${{ matrix.standard.level }}         的值都可以在
                                                     上下文中找到
```

因为要使用 tox 在多个 Python 版本上进行单元测试，所以主要的矩阵因子是 Python 版本。但 tox 用于测试环境的字符串与 Python 版本的字符串不同，因此需要分别指定这两个字符串。可以在配置中使用单个 Python 矩阵因子来模拟这一点，其中每个选项都有一个 version 和 toxenv 变量。在作业中，可以在 actions/setup-python @v4.0.0 操作中引用 Python 版本的 matrix 上下文值，然后在作业最后一步只运行与当前矩阵选项相关的 tox 环境。

接着，将用于单元测试代码的新作业添加到工作流文件中，完成后，请返回此处继续。新添加的作业应该与代码清单 7.4 类似。

代码清单 7.4　运行不同 Python 版本和 tox 环境的作业

```
...

test:
  name: Test
  runs-on: ubuntu-latest

strategy:
  matrix:          Python 版本和
  python:          tox 环境因子
    - version: "3.10"          特定作业要使用的
      toxenv: "py310"          Python 版本
    - version: "3.9"
      toxenv: "py39"
                   特定作业要使用的
                   tox 环境名称
steps:
  - uses: actions/checkout@v3
                                   对特定作业的上下
                                   文值的引用
  - uses: actions/setup-python@v4.0.0
    with:
      python-version: ${{ matrix.python.version }}

  - name: Install tox
    run: python -m pip install tox
                                   对特定作业
                                   上下文值的
                                   另一个引用
  - name: Run pytest
    run: tox -e ${{ matrix.python.toxenv }}
```

提交并推送更改。GitHub Actions 会显示拉取请求中每个作业的状态(见图 7.10)。

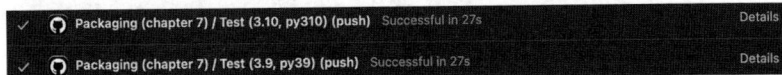

图 7.10　GitHub Actions 会针对构建矩阵中每个作业的拉取请求提供反馈

在 Detail(详细信息)视图中，可以看到它将矩阵中相关的作业分组在一起(见图 7.11)。

图 7.11　Actions 选项卡的详细视图中显示的 GitHub Actions 构建矩阵

可以通过单击聚合摘要来展开它们，以查看每个单独的作业(见图 7.12)。

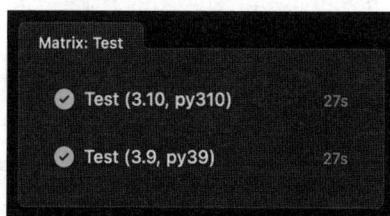

图 7.12　在 Actions 选项卡中展开显示每个单独作业的构建矩阵

除了代码质量检查，持续集成管道中的单元测试也是完全自动化的。接下来，便可以着手添加用于构建你的软件包发布版(安装包)的作业了。

7.3.2　构建适用于各种平台的 Python 软件包发布版

第 4 章不仅讲解了如何用 Python 之外的语言构建扩展，还提及了与纯 Python 软件包不同的、带有非 Python 扩展的软件包。这些软件包要么以用户构建的源代码形式发布到许多不同的平台，要么以二进制发布软件包的形式发布到许多不同的平台。在本地机器上构建所有这些不同的发布软件包非常烦琐，有时甚至不可能完成，而对于在各种操作系统和架构上都部署了运行器的 CI 解决方案来说，这只需要增加一些额外配置。

要在多种目标平台上构建二进制 wheel 发布软件包,可以使用 PyPA 提供的神奇工具 cibuildwheel(https://github.com/pypa/ cibuildwheel)。该工具旨在提供一种便捷的方式,让我们能在尽可能多的平台上构建 wheel 包。截至本书撰写之时,cibuildwheel 在 GitHub Actions 上获得了比其他流行的持续集成解决方案更为广泛的支持。

接下来,你需要创建一个与迄今为止创建的其他作业非常相似的作业,但它们存在以下一些关键区别。

- 安装 cibuildwheel 软件包而非 tox 软件包。
- 使用 cibuildwheel 而非 tox 环境运行命令。
- 在需要发布时,使用 actions/upload-artifact@v3 操作(https:// github.com/actions/upload-artifact)来存储 cibuildwheel 创建的文件。

可以使用 Python 将 cibuildwheel 作为一个模块运行。可以使用 --output-dir 标志向它传递一个目录,以便将构建的 wheel 放在其中。例如,下面的命令会构建 wheel,并将其放在 wheels/目录中:

```
$ python -m cibuildwheel --output-dir wheels
```

如果想把文件作为工件上传到 GitHub Actions 供日后使用,就可以使用 with.path 键来传递一个文件全局模式给 actions/upload-artifact@v3 操作。下面的示例上传了 wheels/目录中所有扩展名为.whl 的文件:

```
...

  - uses: actions/upload-artifact@v3
    with:
      path: ./wheels/*.whl
```

练习 7.3

在工作流文件中添加一个用于构建 wheel 的新作业,该作业将执行以下操作:

(1) 使用构建矩阵和 runs-on 键在 ubuntu-20.04、windows-2019

和 macOS-10.15 上运行作业。

(2) 使用 cibuildwheel 在 wheels/目录中构建 wheel。

(3) 使用 actions/upload-artifact@v3 操作。

如果需要检查工作，可参考配套代码(http://mng.bz/69A5)。提交并推送更改，以确认 wheel 包构建成功。注意，由于 cibuildwheel 需要做大量工作，因此这些工作可能会比测试和代码质量检查花费更多时间。

虽然构建二进制 wheel 发布软件包是一项繁重的工作，但你只需要构建一个源代码发布软件包。可以使用第 3 章介绍的构建工具来完成这项工作。使用 Python 将 build 作为一个模块来运行。使用 --sdist 标志告诉它构建一个源代码发布软件包，它将默认把源代码软件包构建到 dist/目录中。

> **练习7.4**
>
> 在工作流文件中添加一个用于构建源代码发布软件包的新作业，该作业执行以下操作：
>
> (1) 安装 build 软件包；
>
> (2) 运行 build，以在 dist/目录中创建源代码发布软件包；
>
> (3) 使用 actions/upload-artifact@v3 操作上传 dist/目录中的所有.tar.gz 文件，以供日后使用。
>
> 如果需要检查工作，可参考配套代码(http://mng.bz/69A5)。提交并推送更改，以确认源代码发布包构建成功。

至此，我们在打包工作流中学到的每项活动都已实现自动化。有了这些检查机制，我们可以确信提交给项目的每项更改都能通过审核。你还可以不用动一根手指就做到这一点，因为 GitHub Actions 会基于拉取请求向更改的作者提供反馈，让他们知道如果出现问题，需要修正什么内容。你和你的团队甚至可以开始开发一种假设驱动的开发模式。在本地运行与更改直接相关的测试子集，假设整套测试都会通过，再查看整套检查的状态是否证实了你的预期。这种方式不仅效率高，甚至会让你感到信心十足。自动化的最后一步是发布软件包。

7.4　发布软件包

你可能一直在想，什么时候才能真正进入发布环节。虽然之前进行了很多准备工作，但都是以学习概念的名义进行的，目的是让你能够对替代工具做出反应，一路调试问题，并充满信心地探索打包领域。我为你能走到这一步而倍感骄傲，希望你也能深感自豪！

重点：在向 PyPI 发布软件包之前，还需要一个 PyPI 用户账户。如果你还没有账户，可立即访问注册页面(https://pypi.org/account/register/)创建一个。

在正确地自动发布软件包之前，首先需要手动上传软件包，以"宣告"你想在 PyPI 上使用的软件包名称。我强烈建议你，严格遵守本书中的练习，为软件包使用 pubpypack-harmony-<firstname>-<lastname>这样格式的名称，这样就能确保不会占用 PyPI 上较好的软件包名称。接下来，更新 setup.cfg 文件中的名称字段并应用这种格式。此外，还应该从 PyPI 主页(https://pypi.org)搜索或通过访问项目的 URL (https://pypi.org/project/pubpypack-harmony-<firstname>-<lastname>) 来搜索该名称的软件包是否已经存在，以避免与其他读者共享一个名称。这也有助于我更容易查找到你的所有成功案例！我的版本是 https://pypi.org/project/pubpypack-harmony-dane-hillard。

提示：也可以在测试版 PyPI 实例(https://test.pypi.org/)上执行以上所有步骤，这在你尝试新事物时非常有用，可以先在测试实例上进行操作，而不会影响正式实例。如果你决定这样做，就需要为测试实例创建一个单独的账户，以及任何其他必要的专用凭据。

确定软件包名称后，可以使用 twine(https://twine.readthedocs.io/

en/stable/)工具来发布软件包。为此，还需要准备好 PyPI 用户名和密码。准备就绪后，在软件包根目录下运行以下命令，创建源代码发布软件包并上传到 PyPI。系统会提示你输入 PyPI 凭据：

```
$ pipx install twine
$ pyproject-build --sdist
$ twine upload dist/*
```

提示：可以使用 twine 为上传软件包创建一个 tox 环境。这对于在调试问题时反复运行上传过程很有帮助，尤其是在使用私有软件包仓库(如 Artifactory)，并需要指定一个非标准的仓库 URL 时。

成功上传软件包后，它将与你的账户关联。这样，便可以创建一个专门针对该软件包的 API 令牌，这对自动化非常有用，因为可以不再需要直接使用个人用户名和密码。请按以下步骤为软件包创建专用的 API 令牌(见图 7.13)：

(1) 访问 API 令牌创建页面(https://pypi.org/manage/account/token/)。

(2) 给令牌起一个易辨识的名字，如 pubpypack。

(3) 从 Scope(范围)下拉菜单中选择项目：pubpypack-harmony-<firstname>-<lastname>。

(4) 单击 Add token(添加令牌)。

图 7.13　向 PyPI 账户添加特定项目 API 令牌的界面

添加令牌后，将看到一个显示令牌内容的页面(见图 7.14)。因为只能访问该令牌这一次，所以务必把这个令牌复制到安全的地方以妥善保管。这样才能确保令牌丢失后还可以再生成一个新令牌。基于令牌的不同使用场景，还可能需要在不同的地方进行更新。

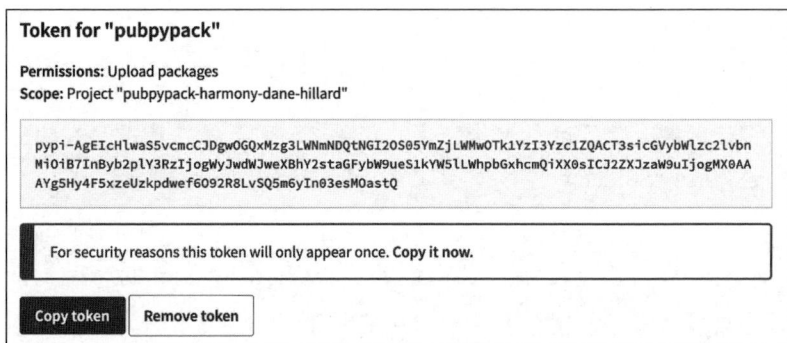

Token for "pubpypack"

Permissions: Upload packages
Scope: Project "pubpypack-harmony-dane-hillard"

```
pypi-AgEIcHlwaS5vcmcCJDgwOGQxMzg3LWNmNDQtNGI2OS05YmZjLWMwOTk1YzI3Yzc1ZQACT3sicGVybWlzc2lvbn
MiOiB7InByb2plY3RzIjogWyJwdWJweXBhY2staGFybW9ueS1kYW5lLWhpbGxhcmQiXX0sICJ2ZXJzaW9uIjogMX0AA
AYg5Hy4F5xzeUzkpdwef6O92R8LvSQ5m6yIn03esMOastQ
```

For security reasons this token will only appear once. **Copy it now.**

| Copy token | Remove token |

图 7.14   显示新添加的 PyPI API 令牌的一次性页面

接下来将新创建的 PyPI API 令牌作为 secret(密钥)添加到 GitHub 仓库中。密钥是 GitHub Actions 中加密存储的敏感信息。它们可以被注入到 GitHub Actions 中使用，但任何人都无法直接查看。要从仓库的 GitHub 页面开始添加令牌，需要遵循以下步骤：

(1) 单击 Settings(设置)。

(2) 点击左下角的 Secrets(密钥)。确保最终进入的是 Actions Secrets(操作密钥)页面，这是本书撰写时的默认设置。

(3) 单击右上角的 New Repository Secret(新建仓库密钥)。

(4) 将密钥命名为 PYPI_API_TOKEN。

(5) 粘贴从 PyPI 保存的 API 令牌的值。

(6) 单击 Add Secret(添加密钥)。

添加密钥后，即会在 Repository secrets(仓库密钥)表中看到该密钥选项卡，如图 7.15 所示。

图 7.15　GitHub Actions 的密钥界面显示了已添加的密钥

在作业中，可以通过密钥上下文变量来引用 PYPI_API_TOKEN
密钥。现在已经具备了自动发布软件包的所有凭证。

到目前为止，添加到工作流中的所有检查、测试和发布构建都
是由推送的提交和标签直接触发的，而发布步骤则需要被限制为定
期运行的步骤。例如，你可能不希望在推送到仓库的每个新提交上
都发布一个新版本的软件包，尤其是当该分支来自不受信任的作者
时。恶意用户可能会发起一个有安全漏洞的拉取请求，然后利用你
的管道发布该代码。在 Git 历史中，标签是里程碑，它是发布软件包
版本的常见触发事件，它还能让你非常审慎地选择代码历史中发布
软件包的确切时间点。为了将发布作业限制在标签范围内，还需要
使用表达式来检查是否满足条件。如果条件不符合，GitHub Actions
就会跳过该作业。

要发布作业，必须做到以下几点。

(1) 等待其他作业完成。如果其他检查未通过，就不要发布。

(2) 仅当触发事件的 Git ref 是以 v 开头的标签时运行，使用 if
键和 startsWith 函数检查 github.event.ref 上下文变量值。这样就可以
创建类似 v3.4.0 的标签来触发发布，但与发行无关的标签不会触发
发布。

(3) 使用 actions/download-artifact@v3 操作来下载在之前的作业中
作为工件构建和上传的 wheel 及源代码发布文件。可以使用 with.path
键来告诉操作应在哪里下载工件。dist/目录是个不错的选择，因为
下一步将默认在该目录中查找文件。

(4) 使用 PyPA 中的 pypa/gh-action-pypi-publish@1.5.0 操作来处
理发布细节。该操作使用了 twine，但减少了你需要管理的配置数量。

完成后，发布作业的配置应该与代码清单 7.5 类似。

代码清单 7.5　将 Python 软件包及其发布包发布到 PyPI 的作业

```
...
publish:
  name: Publish package
  if: startsWith(github.event.ref, 'refs/tags/v')    只有在特定标签触发
  needs:                                              时才运行该作业
    - format          等待所有其他
    - lint            作业先完成
    - typecheck
    - test
    - build_source_dist
    - build_wheels
  runs-on: ubuntu-latest

  steps:                                              用于下载前一个
  - uses: actions/download-artifact@v3                作业的工件
    with:
    - name: artifact      将工件放入下一步
      path: ./dist/       默认使用的目录中

  - uses: pypa/gh-action-pypi-publish@1.5.0
    with:                 使用 API 令牌而非
      user: __token__     用户/密码验证
      password: ${{ secrets.PYPI_API_TOKEN }}    引用添加的
                                                  仓库密钥
```

将所有工件下载到一个目录中

用于向 PyPI 发布软件包工件

这一次，在提交并推送更改后，就应该预料到新作业会被跳过（见图 7.16）。这是因为推送的提交与添加的 if 表达式不匹配。

要触发发布作业，需要创建一个名称匹配的标签，否则不会触发管道。此外，还需要确保不会尝试发布一个已经存在的版本；否则，管道中的所有作业就会一直等待完成，并在发布作业时收到错

误信息。如果一直按顺序阅读本书并同步进行操作，那么之前上传的 twine 很可能已经发布了 0.0.1 版本。接下来，将 setup.cfg 文件中的版本值更新为下一个更高的版本，如 0.0.2。更新版本后，提交并推送更改。然后按以下步骤触发发布任务，并创建一个 GitHub 发行版。发行是 GitHub 特有的结构，与标签相关联，允许添加相关注释和附件。

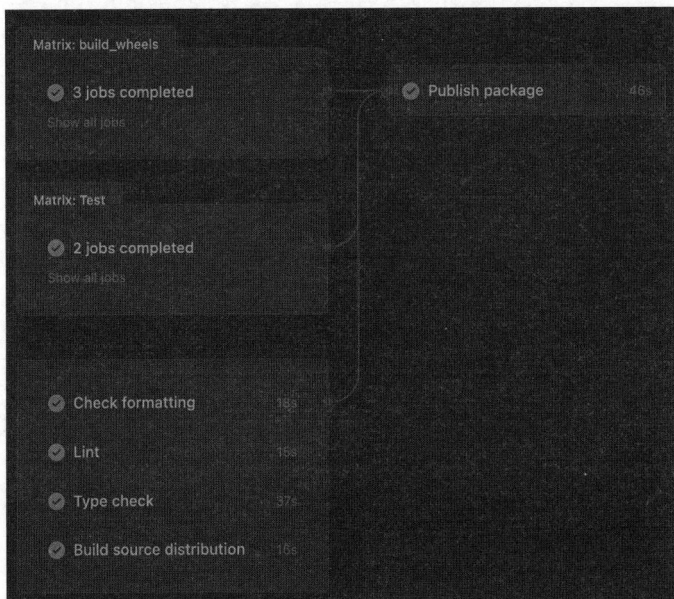

图 7.16　可以配置工作流中的作业，使其在指定的条件下被跳过

注意：可以手动创建一个 Git 标签并将其推送到 GitHub 来达到与 GitHub 发行相同的效果。对于公共项目来说，发行工作流非常有用，因为它让你有机会从更改日志中输入有用的发行注释。本书稍后将对此进行详细介绍。

单击右下角的 Release(发行)即可创建发行。这个链接可能很难找到，也可以直接访问 https://github.com/<you>/<repo>/releases(见图 7.17)。

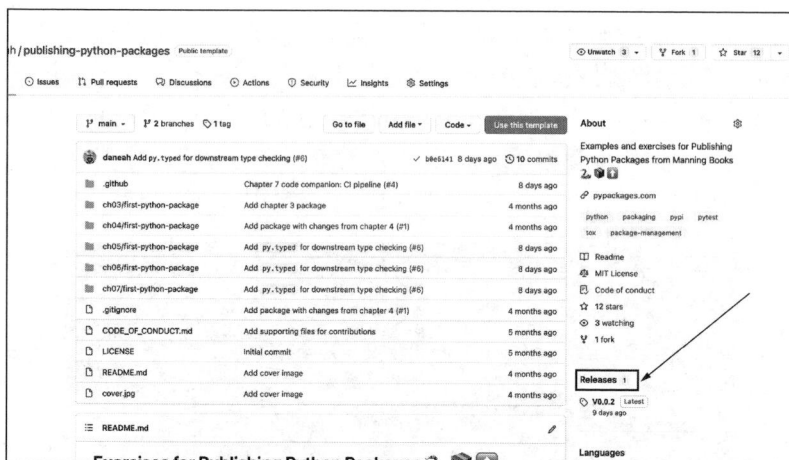

图 7.17　导航至 GitHub 仓库的发行版

单击 Draft a new release(起草新发行版)，如图 7.18 所示。

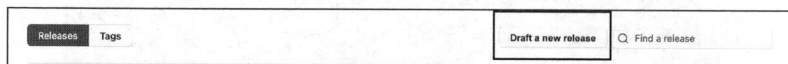

图 7.18　为 GitHub 仓库启动新发行版

单击 Choose a tag 下拉菜单，在方框中输入新版本，如 v0.2.4，然后单击+ Create new tag: v0.2.4 on publish，如图 7.19 所示。

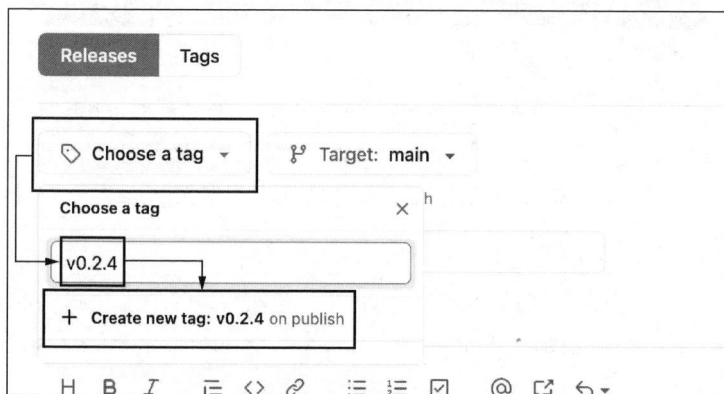

图 7.19　指定 GitHub 发行版的标签

单击 Target(目标)下拉菜单，选择正在使用的 Git 分支(见图 7.20)。

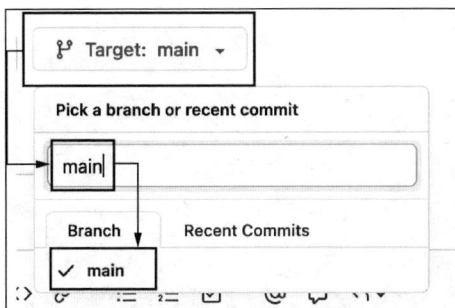

图 7.20　指定创建标签的 Git 历史点

在 Release Title(发行标题)文本框中输入版本号，并为发行添加描述，说明所做的改动。最后，单击 Publish release(发布发行版)，如图 7.21 所示。

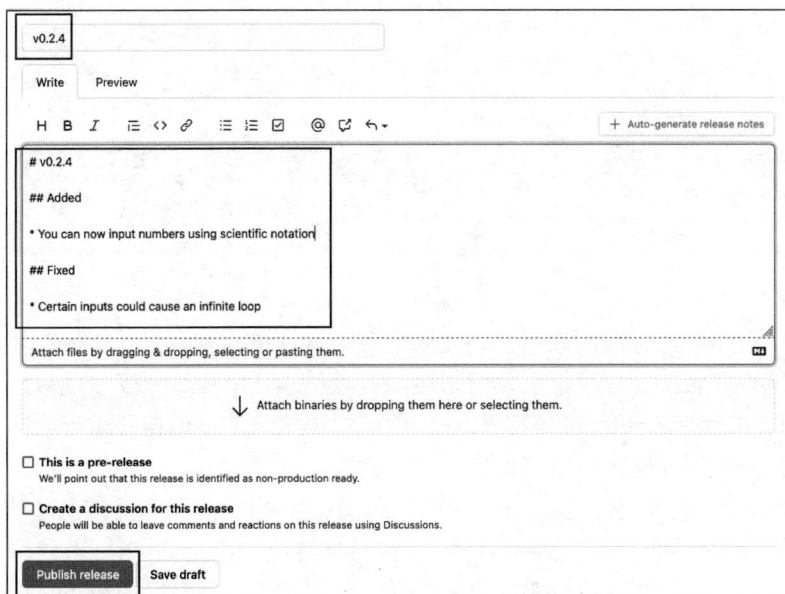

图 7.21　填写并发布 GitHub 发行版

发布发行版后，访问仓库的 Actions 选项卡，可以看到一个新的工作流在运行，旁边显示的是新标签名称，而非分支名称。这次运行将满足发布作业的条件，因此不会被跳过，如图 7.22 所示。

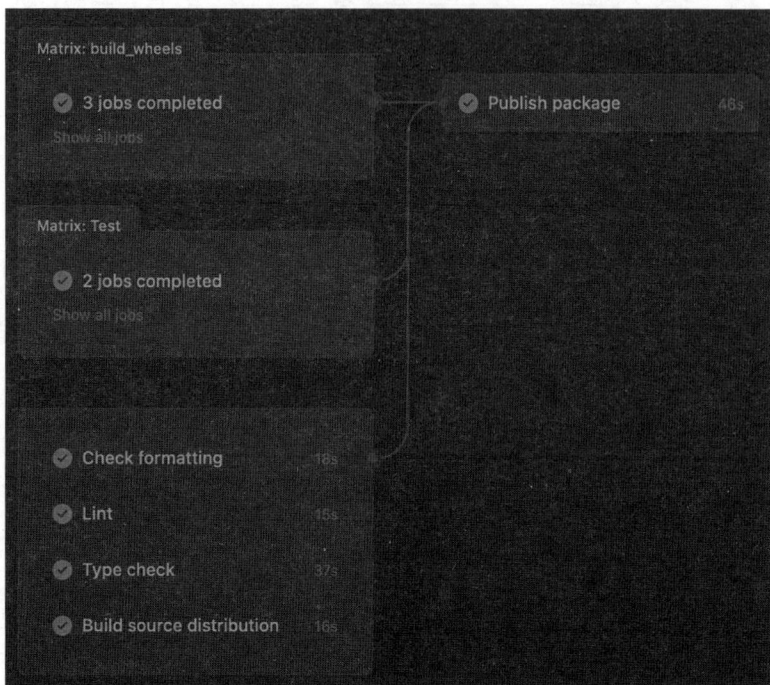

图 7.22　满足指定条件后作业成功执行

恭喜，你刚刚发布了第一个全自动软件包版本。感觉如何？如果你和我一样，可能会觉得很累，有点枯燥，但经过一夜睡眠后，这种感觉就会变成兴奋。你在这里取得的成就非常值得骄傲。你的团队摆脱了本地开发环境的束缚，为更多的平台提供了预构建的发布软件包。即使 CarCorp 的员工使用不同供应商的计算机，也可以放心地使用这个产品。你终于把发布软件包发布到了 PyPI 上，这样其他人就可以使用熟悉的工具(如 pip)将它们安装到自己的 Python 应用程序中。干得漂亮！

现在，你已经成为自动化方面的专家，且拥有自己期望他人也能使用的软件包，你需要确保用户了解如何使用该软件包以及使用它的原因。请继续阅读第 8 章，了解如何构建和维护文档。

7.5　小结

- 持续集成可在共享环境中提供频繁、可靠的反馈，让你对更改更有信心。
- 应使用与版本控制系统和部署基础架构密切配合的持续集成解决方案。
- 应通过配置持续集成解决方案来并行运行由几个特定命令组成的高级任务，以检查所做的每项更改。
- 因为要确保代码是完美的，所以在触发发布流程时要谨慎。在对系统建立高度信心之前，建议在此过程中采用手动触发的方式。

第 8 章

编写和维护文档

本章涵盖如下内容：

- 使用 reStructuredText 编写技术文档
- 使用 sphinx-apidoc 和 sphinx-autodoc 自动收集代码文档
- 使用 Sphinx 构建 HTML 文档站点
- 使用 Read the Docs 发布文档

第 7 章完成了一个重要的里程碑：将软件包发布到 Python 软件包索引(PyPI)，以供他人使用。事实上，PyPI 已经拥有超过 350 000 个软件包，而且数量还会继续增长。你在软件包的功能、质量和打包逻辑上所付出的努力确保了人们"能"使用它，但如果要确保他们"会"使用它，还需要做更多的工作。在 CarCorp 公司，你已经拥有了一批忠实的客户，但当你试图拓展到更多客户时，亦会面临更高的要求。

文档往往是采用软件包的主要障碍之一。如果缺乏充分的理由，人们可能难以理解为什么要使用你的软件包。而即便有充分的理由和意愿，人们也可能不清楚如何使用它。本章将讲解有效的软件包文档应该具备哪些特点，以及如何创建一个能随着代码发展而支持项目的文档设置。

重点：可以使用配套代码(http://mng.bz/69A5)检查本章练习的完成情况。

8.1　关于文档的简单思考

通常，用户查看文档的目的有以下几种：
- 初次接触，想了解代码；
- 对代码非常熟悉，但希望完成一项以前从未尝试过的特定任务；
- 对代码的行为已有清晰的认识，但仍需要参考函数签名和语法等细节；
- 希望了解代码的发展历程。

虽然针对不同目标提供的信息可能存在重叠部分，但只有当信息的呈现方式针对特定目标进行设计时，才能取得良好效果。Daniele Procida 的 Diátaxis 框架(https://diataxis.fr/)阐明了每个目标的细微差别，以及有助于实现每个目标的文档类型，如下所示：
- 教程，引导新读者通过一个已解决的问题了解项目的总体思路和方法。
- 操作指南，帮助读者在文档中寻找特定任务。
- 讨论，帮助读者了解项目的历史背景和决策过程。
- 参考资料，提供非常具体的信息，如语法或允许的参数。

Diátaxis 网站上的观点和 Procida 的相应介绍阐述了一个令人信服的观点，即把这些关注点分开，从而最大限度地提高文档的效率。这种方法的直接结果是，有些文档几乎全是技术文档，而另一些几乎全是代码示例，还有一些则是两者的混合体。因此，你需要一种文档系统，既能轻松地将技术文档和代码文档结合起来，又能清晰地区分这两种概念。

虽然教育学、认知科学和教学法的全面深入研究超出了本书的讨论范围(如欲了解更多信息，可查阅 Felienne Hermans 所著的 *The Programmer's Brain* 一书，Manning，2021，http://mng.bz/lRxd)，但有一些工具有助于你更出色地完成教学任务。Sphinx (https://www.sphinx-doc.org)是一个基于 reStructuredText(http://mng.bz/BZMw)的功能强大的文档框架，能以多种输出格式创建分页、交叉引用的文档网站。

其他优秀的文档框架

由于在 Python 文档中的广泛使用和 reStructuredText 的强大功能，Sphinx 成了最受欢迎的 Python 文档框架之一。当然，市面上还有很多文档框架。

Python 提供了一个内置的 pydoc 模块(https://docs.python.org/3/library/pydoc.html)，可以从 Python 模块中的文档字符串生成文档文件。虽然 pydoc 没有包含创建技术文档的好方法，但如果项目只需要最基本的文档，就可以使用它。

MkDocs(https://www.mkdocs.org/)是另一个第三方文档框架，它使用 Markdown 和 YAML 来创建文档网站，还有一个 mkdocstrings 插件(https://github.com/pawamoy/mkdocstrings)用于处理 Python 文档。

Sphinx 功能强大，并且可以通过基于插件的架构进行扩展。它非常值得 Python 项目使用。事实上，官方 Python 文档(https://docs. python.org)就在使用 Sphinx 创建的。

注意：Sphinx 提供的全部功能和自定义功能超出了本书的讨论范围，但 Sphinx 拥有(与你想象相符的)优秀文档。如果你对本章的内容感兴趣，可以了解更多关于 Sphinx 的功能。

继续阅读以了解如何使用 Sphinx 创建一个 HTML 文档网站，并将其提供给 Read the Docs(https://readthedocs.org/)——一个最受欢迎的 Python 项目文档托管网站。

8.2   使用 Sphinx 创建文档

首先，为文档创建一个新的 tox 环境。记住，可以通过在 setup.cfg 文件中添加名为[testenv:docs]的新部分来配置 tox 环境，这样就可以使用 tox -e docs 来运行它。使用 deps 键将 sphinx 软件包(https://pypi.org/project/Sphinx/)添加为该环境的依赖项。然后在环境中添加带有以下命令的 commands 键，这样就能在项目根目录下创建 docs/目录，并在其中填写初始文档配置和目录结构：

```
[testenv:docs]
...

commands =
    sphinx-quickstart docs
```

Sphinx 快速启动程序生成的一个文件是 docs/index.rst。该文件是文档的入口。如代码清单 8.1 所示，index.rst 文件的 quickstart 版本创建了一个带有嵌套标记和标题的目录。

代码清单 8.1   Sphinx 中的基本目录指令

目录是 Sphinx 的一个重要概念，因为就像一本书一样，读者应该能够找到他们感兴趣的内容。你添加的每一页文档都应该是目录树的一部分，因此 Sphinx 的快速启动过程就是按照这种模式来设计的。

使用 tox -e docs 命令运行环境。Sphinx 会提示你提供软件包的以下基本信息。

(1) 目录结构——可以选择将_build/目录与原始文档放在 docs/目录中(默认方式)，也可以选择嵌套 source/和 build/目录，将原始文档和构建文档完全分开。本章其余部分将采用默认结构。

(2) 项目名称——与发布软件包时使用的名称一致，这样人们才能确认他们正在阅读的是将安装或已安装软件包的正确文档。

(3) 作者姓名——你的姓名或其他标识符，如公司名称。

(4) 项目发行版本——可以暂时不填。本章稍后将在文档配置中动态获取软件包版本。

(5) 项目语言——编写文档时使用的自然语言的双字母 ISO 639-1 代码(http://mng.bz/de2g)。Sphinx 会根据所选语言调整部分输出，默认语言为英语。

快速启动过程的完整输出如代码清单 8.2 所示。

代码清单 8.2　Sphinx 驱动的文档项目的初始设置

```
Welcome to the Sphinx 4.4.0 quickstart utility.

Please enter values for the following settings (just press Enter to
accept a default value, if one is given in brackets).

Selected root path: docs                            使用默认结构

You have two options for placing the build directory for Sphinx output.
Either, you use a directory "_build" within the root path, or
you separate "source" and "build" directories within the root path.
> Separate source and build directories (y/n) [n]: ◄
The project name will occur in several places in the built
documentation.
> Project name: pubpypack-harmony-dane-hillard ◄
> Author name(s): Dane Hillard                      使用与发布软件
> Project release []: ◄                  暂时留白    包相同的名称
使用你的姓名或其他
适当的标识符

If the documents are to be written in a language other than
English, you can select a language here by its language code.
Sphinx will then translate text that it generates into that
language.
```

```
For a list of supported codes, see
https:/ /www.sphinx-doc.org/en/master/usage/configuration.
html#confval-language.
> Project language [en]:          选择你喜欢的语言

Creating file /.../first-python-package/docs/conf.py.
Creating file /.../first-python-package/docs/index.rst.
Creating file /.../first-python-package/docs/Makefile.
Creating file /.../first-python-package/docs/make.bat.

Finished: An initial directory structure has been created.

You should now populate your master file
/.../first-python-package/docs/index.rst and create other
documentation source files. Use the Makefile to build the docs,
like so:
    make builder
where "builder" is one of the supported builders, e.g., html,
latex or linkcheck.
```

现在应该能在项目根目录下看到 docs/目录，该目录下会显示以下文件和目录。

- conf.py——该文件包含用于构建文档的 Sphinx 配置。
- index.rst——构建文档时，该文件是 Sphinx 查找所有文档的主要入口。其内容将成为文档的主页。
- Makefile——在安装了 GNU Make(https://www.gnu.org/software/make/)的 Unix 系统上，可以使用该文件手动构建文档。你可以暂时删除该文件，本书不会用到它。
- make.bat——可以在 Windows 系统上使用它手动构建文档。你可以暂时删除该文件，本书不会用到它。
- static/——可以在此目录中添加 CSS 或图像文件，以便在文档中使用。你可以暂时删除此目录，本书不会用到它。

- templates/——可以在此目录中添加或覆盖 Sphinx 的默认模板，以改变文档的显示方式。你可以暂时删除此目录，本书不会用到它。

除非想从头开始编写文档，否则不要再使用 sphinx-quickstart 命令。如果 sphinx-quickstart 命令发现了已有的文档，就会产生一个错误，以免覆盖你已经创建的文档。今后，当你需要使用 tox 环境来构建文档时，可以使用 sphinx-build 命令将 docs/目录中的文档构建为 docs/_build/目录中的 HTML。除了将 index.rst 文件转换为 HTML，Sphinx 还会构建支持文档搜索的索引，并允许其他基于 Sphinx 的文档网站交叉引用你的文档——本章稍后将详细介绍。记住，如果不小心添加了不存在或未使用的引用，你配置的 pytest 和 mypy 就会明显地失败。sphinx-build 命令也有一些选项，可以帮助你确保文档没有任何中断的引用。以下每个选项都会改变 Sphinx 的行为和输出。

- -n——Nit-picky 模式使 Sphinx 在日志输出中以警告形式提示缺失的引用。

- -W——该选项会将构建过程中产生的所有警告转为错误。启用该选项可降低在文档中引入问题的概率，从而确保构建成功。

- --keep-going——该选项会运行整个文档构建过程，沿途收集所有错误，而不是在第一个错误发生后就失败。这很有用，你可以一次看到多个需要修复的错误，而无需重复构建，并且每次都会出现新的错误。

更新文档 tox 环境的 command 值，以运行以下命令，在 docs/_build/目录中以 HTML 格式构建 docs/目录中的文档：

```
sphinx-build -n -W --keep-going -b html docs/ docs/_build/
```

再次运行 docs tox 环境。这一次，Sphinx 会找到 conf.py 中的现有配置和 index.rst 文件的内容，并使用它们来构建文档，如代码清单 8.3 所示。

代码清单 8.3   使用 sphinx-build 构建 HTML 文档的输出示例

```
index.rst 源文件                                    如果_build/目录不存
                                                    在，则创建该目录
    Running Sphinx v4.4.0
    making output directory... done    ◄
    building [mo]: targets for 0 po files that are out of date
    building [html]: targets for 1 source files that are out of date
    updating environment: [new config] 1 added, 0 changed, 0 removed
    reading sources... [100%] index    ◄
                                              为每个源文件打印一行
    looking for now-outdated files... none found
    pickling environment... done
    checking consistency... done              为每个源文件创
    preparing documents... done              建一个输出文件
    writing output... [100%] index    ◄
    generating indices... genindex done    ◄
    writing additional pages... search done   索引支持搜索
                                              和交叉引用
    copying static files... done
    copying extra files... done
    dumping search index in English (code: en)... done  ◄
    dumping object inventory... done    ◄
    build succeeded.              用于从其他 Sphinx          索引供用户
                                  网站进行交叉引用           搜索文档
    The HTML pages are in docs/_build.    ◄
    _____ summary _____        在何处可以访问
                                               已构建的网站
      docs: commands succeeded
      congratulations :)
```

现在已经将文档创建为 HTML 格式，可以在浏览器中查看它了。虽然目前只有一个 index.rst 文件，但 Sphinx 除了会在 docs/_build/ 目录下创建对应的 index.html 文件，还会为文档搜索页面和索引创建 HTML 文件。你可以直接在浏览器中查看 index.html 文件，甚至进行搜索，但为了更好地查看文档及其所有功能，建议使用 Python 内置的 http.server 模块。该模块会运行一个小型 HTTP 服务器，模拟这些文件在互联网服务器上被访问的情况。可以在项目的根目录下运行以下命令，以便在 http://localhost:9876 上查看文档：

```
$ py -m http.server -d docs/_build/ 9876
```

在浏览器中访问 http://localhost:9876，可以访问文档主页，其中包含你在快速启动过程中向 Sphinx 提供的部分信息(见图 8.1)。

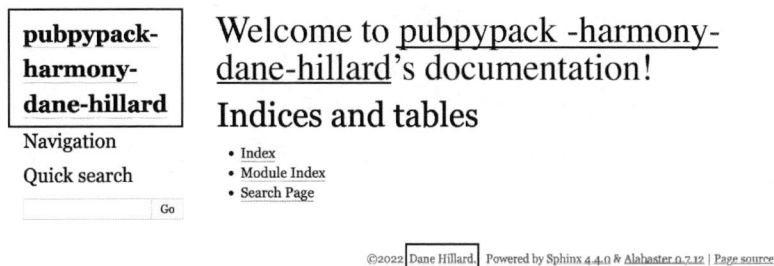

图 8.1　Sphinx 为新文档项目创建的基本 HTML 网站(带有软件包名称和作者姓名)

现在你已经成功运行了 Sphinx，那么接下来，为了提高文档编写效率，可以开始构建一些自动化流程。

8.2.1　在开发过程中自动刷新文档

更新文档时，可以让 Python HTTP 服务器保持运行，这样就可以随时在浏览器中访问它们，但是要想在以后每次编写文档时都记住此操作有点困难。可以使用 sphinx-autobuild 软件包(https://pypi.org/project/sphinx-autobuild/)和它提供的 sphinx-autobuild 命令来管理 Python HTTP 服务器提供的服务，而不是在本地处理文档时使用 sphinx-build 命令。sphinx-autobuild 命令不仅会启动 HTTP 服务器，还会关注文档源文件的更改，并自动刷新浏览器中的文档。当需要快速迭代文档的措辞或结构时，这确实有助于节省时间。接下来，创建一个新的 devdocs tox 环境，其配置与 docs 环境类似，并做如下修改：

- 除 Sphinx 软件包外，添加 sphinx-autobuild 软件包作为依赖项。
- 将 sphinx-build 命令改为 sphinx-autobuild。

- 删除--keep-going 选项。即使出现错误，sphinx-autobuild 也会继续提供构建的文档，并打印出警告，指出已构建文档与源代码不同步。修复错误后，构建将更新到最新的源代码。
- 如果需要，添加--port 选项，选择机器上可用的端口来提供文档。默认端口为 8000。

现在，便可以使用 tox -e devdocs 命令在本地提供文档，而不必同时运行文档 tox 环境和 Python HTTP 服务器。当然，仍然可以运行 docs tox 环境来静态构建文档，本章稍后将使用它来验证文档。接下来，继续充实文档本身的内容。

8.2.2　自动提取代码文档

代码的底层文档在贴近代码的情况下最有效。否则，文档在编写完成时就已经过时。理想情况是，代码文档应与代码交错放置，直接与它所记录的代码相关联。Python 通过它的一些语言结构来支持这一点。同时，如果用户的目标只是阅读高水平的代码，那么深入研究代码并不总是最佳选择。因此，我们需要一个过程，既能让代码参考文档与相关代码保持紧密联系，以确保可维护性，又能将其提升到更高层次，以便读者使用。

第 6 章配置了 mypy 来验证代码中的类型提示。类型提示不仅对于自动验证很有价值，还能帮助阅读代码的开发人员了解函数可以传递或接收哪些数据类型。应该将这些具有参考价值的提示提取为代码文档的一部分。稍后会详细介绍。

Python 支持在 Python 模块、类、方法和函数中添加文档字符串或用于记录代码的独立字符串。你以前可能见过或使用过这种字符串——其作用可能与代码注释类似——但它们的功能要强大得多。Python 将文档字符串作为它们所记录对象结构的一部分来解析。特别是，任何模块、类、方法或函数的__doc__属性都包含文档字符串的值。代码清单 8.4 展示的是一个名为 shapes.py 的 Python 模块示例，其中包含了各级别的文档字符串。

代码清单 8.4 模块、类、方法和独立函数的文档字符串

```
"""                              模块文档字符串
shapes.py

This module contains utilities for dealing with shapes.
"""

from math import pi
                           类文档字符串
class Circle:
    """
    A class for calculating
    the circumference and area of a circle.
    """

    def __init__(self, radius: int = 1):
        self.radius = radius
                           方法文档字符串
    def area(self):
        """
        Return the area of this circle.
        """

        return pi * self.radius**2

    def circumference(self):
        """
        Return the length of the perimeter of this circle.
        """

        return 2 * pi * self.radius
```

可以通过检查 shapes.py 模块中对象(或者模块本身)的__doc__
属性来观察文档字符串的行为(参见代码清单 8.5)。注意，由于文档
字符串是多行 Python 字符串，因此它们会在__doc__属性中以与原

始字符串相同的换行和缩进方式忠实地再现。

代码清单 8.5　使用__doc__属性了解文档字符串

文档字符串以换行
符开始和结束

```
>>> import shapes
>>> shapes.__doc__
'\nshapes.py\n\nThis module contains utilities for dealing with
 shapes.\n'
>>> shapes.Circle.__doc__
'\n    A class for calculating
 \n    the circumference and area of a circle.\n    '
```

模块文件开头
的文档字符串

文档字符串包含更多的缩进，
因为它在一个类中

位于 Circle 类中的
文档字符串

　　这种关联使得文档字符串在自动化系统中非常有用，因为它们可以提取函数的名称、签名和文档字符串以用于文档目的，从而让关注点聚焦于 API 和在文档字符串中嵌入的技术文档，而非强迫用户查找源代码的实现细节。Sphinx 为这种提取提供了工具，否则对这种要提取的对象不计其数的项目来说，这将是一项难以完成的任务。

　　要让 Sphinx 提取代码文档，必须在文档 tox 环境中添加一条额外的命令。Sphinx 提供了一个 sphinx-apidoc 命令(http://mng.bz/rnJx)，它能够遍历项目中的所有模块、类、方法和函数，并提取它们的文档。该命令提供了大量影响最终文档渲染效果的选项，但这些选项通常取决于个人喜好。我推荐使用以下选项。

- --force——这会导致 sphinx-apidoc 覆盖所有已提取的文档。因为这些文件是直接从代码中持续生成的，而非偶尔构建一次，所以要确保生成的文档与源代码同步。如果没有这个选项，sphinx-apidoc 就会谨慎地避免写入已经存在的文件。
- --implicit-namespaces——在搜索模块时，我们希望 Sphinx 能找到任何隐式命名空间中的模块，如 PEP 420 (https://www.

python. org/dev/peps/pep-0420/)所定义的。这样可以支持更多的软件包配置，即使以后在项目中添加隐式命名空间，也不会出现问题。

- --module-first——通常，人们学习的最佳方式是先理解高级概念，再深入底层细节。默认情况下，Sphinx 在输出文档时会将最底层的代码放在首位；而使用该选项会将最高层的文档置于首位。

- --separate——如果一页显示的内容太多，那么读者可能会感到不知所措。默认情况下，Sphinx 会将文档集中在一起；该选项会将每个模块的文档拆分到各自的页面上。

接下来的几个必需的选项用于告知 sphinx-apidoc 命令在哪里发现文档和输出文档。

- -o 选项指示文档的输出目录。输出目录的名称可以是 docs/reference/，也可以是其他名称。这个名称会出现在提取文档的 URL 中，建议把这个目录添加到.gitignore 文件中，以避免对生成的文档文件进行检查。

- 位置参数指定了开始查找代码的目录，后面是搜索过程中要忽略的零个或多个文件模式。比如希望 Sphinx 查找软件包源代码所在的 src/imppkg/目录，并忽略所有 src/imppkg/*.c 和 src/imppkg/*.so 文件，因为这些文件是 Cython 生成的非 Python 文件。

sphinx-apidoc 命令语句可能有点冗长，但既然你已经了解了各个选项的用法，应该可以轻松驾驭了，如代码清单 8.6 所示。

代码清单 8.6　使用 sphinx-apidoc 自动提取代码文档

每次重写提取的文档

```
sphinx-apidoc \
    --force \
    --implicit-namespaces \
```

包括隐式命名空间中的模块

先显示高级文档，再
显示低级文档

```
┌──► --module-first \
│    --separate \                   将每个模块拆分
│                                    到各自的页面
├──► -o docs/reference/ \
│    src/imppkg/ \
│    src/imppkg/*.c \               在此处开始搜索
│    src/imppkg/*.so                文档
```

在此处输出生   忽略 Cython 生成
成的文件   的文件

在 docs 和 devdocs tox 环境中，将这条新的 sphinx-apidoc 命令
添加为第一条命令，以便在构建和查看完整文档之前，将代码文档
提取到 docs/reference/目录中。至此，差不多就可以提取一些代码文
档了，但在此之前，还需要配置两样东西。

警告：在 devdocs 环境中设置的 sphinx-autobuild 命令只能检测
现有文档文件的更改。如果在 devdocs 环境运行时添加了一个新的
Python 模块，新模块中的任何代码文档都不会被 Sphinx 自动提取。
出现这种情况时，可以停止并重新运行 tox -e devdocs 命令。

sphinx-apidoc 命令会在 docs/references/目录中生成多个文件，这
些文件使用了 Sphinx 的 autodoc 扩展指令(http://mng.bz/VyMN)，而
该扩展指令默认情况下是未启用的。在 docs/conf.py 模块中，查找空
的扩展列表，并添加代码清单 8.7 所示的扩展，以解释从源代码中
提取的文档字符串和类型提示。

代码清单 8.7   使用 Sphinx 从源代码中提取文档

sphinx-apidoc 输出的
文件使用此扩展

```
extensions = [ ◄
    "sphinx.ext.autodoc",
    "sphinx.ext.autodoc.typehints", ◄   该扩展将在文档
]                                        中呈现类型提示
```

sphinx-apidoc 命令生成的文件之一名为 docs/reference/modules.rst。正如 index.rst 文件是所有文档的主要入口一样，modules.rst 文件也是 sphinx-apidoc 命令生成的代码文档的入口。需要将 index.rst 文件链接到 modules.rst 文件，才能让文档主页链接到代码文档。

已生成文档的版本控制

根据我的经验，版本控制系统应该忽略 Sphinx 从代码中自动提取的文档，因为文档会在代码发生更改时重新生成，如果将其纳入版本控制，可能会给代码审查增加噪声。尽管如此，如果项目需要仔细验证文档内容，还是可以将它们放在版本控制系统中。你需要在完整性和项目开销之间做出权衡。

当第一次在浏览器中呈现文档并查看它时，它还没有内容；毕竟还没有添加任何文档。因为代码文档将在 docs/reference/ 目录中构建，而 modules.rst 文件将是该目录下所有文档的入口点，所以可以将其添加到 index.rst 的目录指令中。在 reStructuredText 中，如果其他文件也是 reStructuredText，则可以使用文件的相对路径并省略扩展名。也就是说，如果想从 docs/index.rst 引用 docs/reference/modules.rst，那么相对路径就是 reference/modules.rst，可以更简洁地写为 reference/modules，因为它是一个 reStructuredText 文件。现在将此值添加到 toctree 指令中，用空行将其与:maxdepth:和:caption:属性分隔开来，如代码清单 8.8 所示。

代码清单 8.8　链接目录中的其他文档

```
.. toctree::
   :maxdepth: 2
   :caption: Contents:

   reference/modules          ← 在目录中链接该文件
                                中的文档
```

除了为每个 Python 模块生成一个.rst 文件，Sphinx 还为每个导入软件包生成一个.rst 文件。导入软件包的文件会链接到该软件包中每个模块的.rst 文件。反过来，顶层的 module.rst 文件也会链接到每个导入软件包的.rst 文件。这样就形成了一个链接图，当 Sphinx 将它们构建到 HTML 站点时，就形成了一个可浏览的页面结构，如图 8.2 所示。

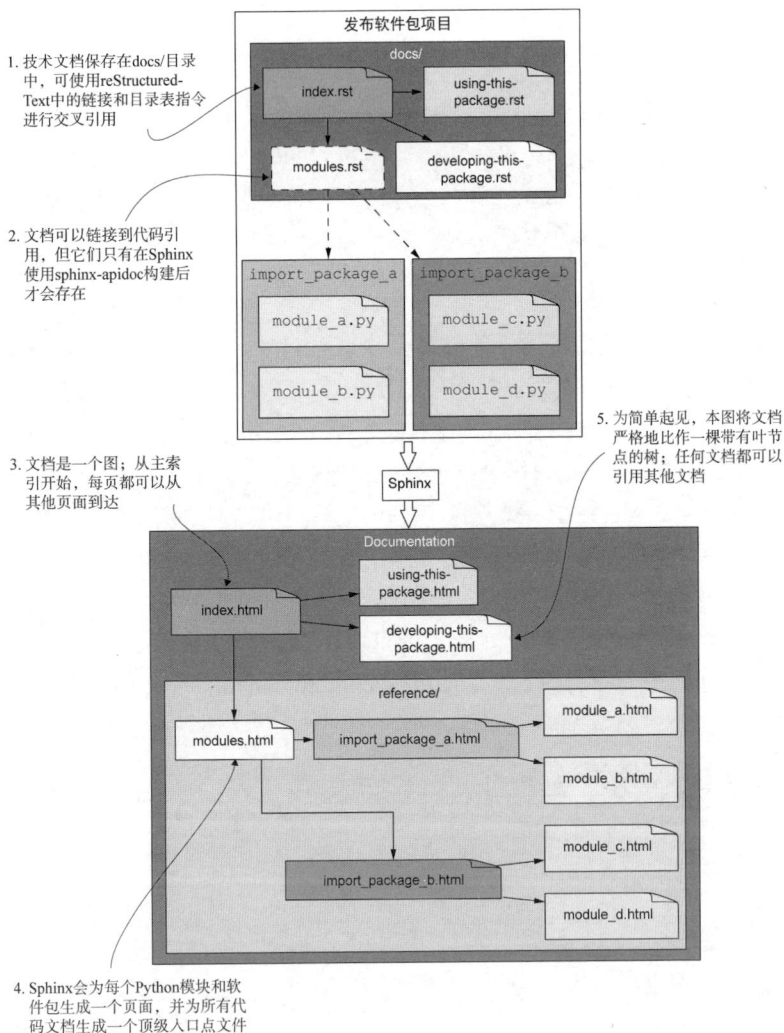

图 8.2　Sphinx 将相互关联的技术文档和代码文档处理成可浏览的 HTML 页面图

警告：Sphinx 会将术语 module(模块)和 submodule(子模块)分别与 import packages(导入软件包)和 modules(模块)互换使用。如果命名清晰明了，并且对项目结构了如指掌，这通常不会造成什么混淆，但还是要引起注意。

现在，tox 环境已配置为运行 sphinx-apidoc 命令，Sphinx 也已配置为在 HTML 构建过程中使用 sphinx.ext.autodoc 扩展来解释该步骤的输出，再次运行 devdocs tox 环境。这一次，应该会看到来自 sphinx-apidoc 命令的额外输出，表明它已经创建了新的文档文件(参见代码清单 8.9)。

代码清单 8.9　使用 sphinx-apidoc 自动生成文档的输出结果

```
所有软件包的索引——Sphinx
称之为模块
                                        整个 imppkg 软件
                                        包的索引
    Creating file docs/reference/imppkg.rst.
    Creating file docs/reference/imppkg.harmonic_mean.rst.
    Creating file docs/reference/imppkg.harmony.rst.
    Creating file docs/reference/modules.rst.
                                        imppkg 中每个
                                        模块的文档
```

在浏览器中再次查看文档。现在应该能在主页上看到 imppkg 软件包的链接(见图 8.3)。

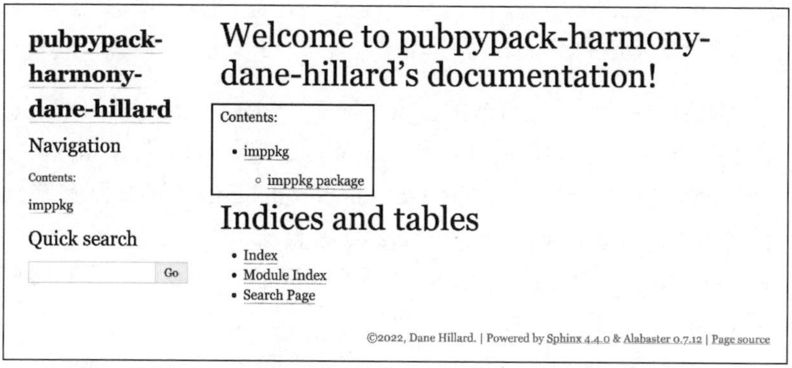

图 8.3　使用 sphinx-apidoc 代码文档自动提取方法构建的 Sphinx 目录

还可以通过这些新链接查看 harmonic_mean 或 harmony 模块的特定文档。记住，这些文档是可浏览的图表。

练习 8.1

虽然文档还不多，但你的文档设置已经具备了构建相当丰富的文档的能力。接下来，还需要做一些烦琐的工作，在 docs/目录中添加更多的技术文档，并在 Python 代码中添加文档字符串。

可以花点时间练习在代码中添加文档字符串，看看 Sphinx 如何在文档中反映这些结果。将以下文档添加到项目中，并观察构建的HTML 文档是如何更改的。

- 在 harmony.py 模块中添加模块级文档字符串，解释如何将其用作命令行工具。
- 为 harmonic_mean.pyx Cython 文件中的 harmonic_mean 函数添加文档字符串，链接到有关调和平均数用法的资源。
- 在目录前的 index.rst 文件中添加有关 harmony 软件包的介绍。
- 添加一个新的.rst 文件，为希望添加或更改功能的开发人员解释项目的结构，并将其链接到目录中。

除了在.rst 文件中使用 reStructuredText，还可以在文档字符串中使用 reStructuredText。如果想了解如何在 reStructuredText 中实现特定功能，可查看 Sphinx 官网文档中有关 reStructuredTex 的入门介绍 (http://mng.bz/xMn7)。在源代码中添加或更改文档字符串时，需要重新运行 devdocs 或 docs 环境。

最后，应该配置软件包的版本，这样 Sphinx 和 Read the Docs 才能将特定的构建与相应的软件包版本联系起来。可以使用 importlib 模块(https://docs.python.org/3/library/importlib.html)来获取已安装软件包的版本。importlib.metadata.version 接收发布软件包的安装名称，并以字符串形式返回已安装的版本。将代码清单 8.10 中的代码添加到 docs/conf.py 模块，并输入发布软件包时选择的名称。

```
from importlib import metadata

PACKAGE_VERSION = metadata.version('pubpypack-harmony-
➥ <firstname>-<lastname>')
version = release = PACKAGE_VERSION
```

注意，Sphinx 的默认主题不会在文档中显示软件包版本。其他一些内置主题会显示，如果你喜欢，也可以自定义主题来显示版本。稍后将详细介绍主题和自定义。当你对文档的简易初稿感到满意时，就可以将这些修改提交至项目并推送到 GitHub。下一步就是在 Read the Docs 上发布文档。

8.3　将文档发布到 Read the Docs

提示：在继续学习本节之前，必须在 Read the Docs 上创建一个账户(https://readthedocs.org/accounts/signup/)。可以使用电子邮件或 GitHub 账户；我使用的是 GitHub，因为这样导入现有的 GitHub 项目就更容易。

你的文档已经有了一个良好的开端，但如果它只是以纯文本文件的形式存在于仓库中，就无法充分发挥其潜力。你一定不希望使用你代码的人不得不自己构建文档，而分散他们对真正目标的注意力。Read the Docs 是一个很棒的托管平台，可以在线发布使用 Sphinx 构建的 HTML 文档。它直接支持 Sphinx 以及其他一些文档系统，而且在撰写本书时，该平台对开源项目是免费的。

为私有项目发布文档

你是否拥有一个仅供组织内部使用的私有软件包？Read the Docs 提供了一个付费的商业级解决方案(https://readthedocs.com)，这对于你的组织来说是一种很好的回馈方式。如果你的组织更愿意为你的时间和一些私人基础设施付费，你也可以在 Docker 容器中构建 Sphinx 文档，然后使用 nginx(https://nginx.org)或 Apache HTTP 服务器(https://httpd. apache.org/)自行提供服务。之所以这样做是因为 Sphinx 构建最终会将所有文档转换为静态 HTML。

登录 Read the Docs 后，就会进入仪表板页面。如果你以前从未使用过 Read the Docs，那么页面上不会显示太多内容。其中最重要的部分是 Import a Project 按钮(见图 8.4)。单击该按钮即可开始导入项目。

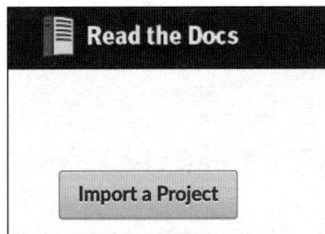

图 8.4   Read the Docs 面板上显示了已经导入的项目，以及导入新项目的提示

在第一个导入页面，Read the Docs 会提示你选择要导入的仓库。可以选择你或你所在的组织拥有的公共仓库(见图 8.5)。单击添加(+)按钮从列表中选择软件包所在的仓库。如果没有看到你的仓库，可单击刷新或仔细检查仓库是否是 GitHub 上的公共仓库。

添加仓库时，Read the Docs 会提示你提供一些项目信息。该页面已经填充了默认值，但你应该更改以下内容。

(1) 更改 Name 字段，提供你在 Python Package Index 上发布软件包时使用的名称。应为类似于 pubpypack-harmony- <firstname>- <lastname>的名称。

(2) 确保 Default Branch 字段已设置为仓库的默认分支，这通常是新 GitHub 仓库的 main 分支。如果你仍在默认分支以外的分支上编写文档，请暂时将该字段设置为你的文档分支，以便 Read the Docs 可以找到文档代码。准备合并文档分支时，可以将此设置切换回 main 分支。

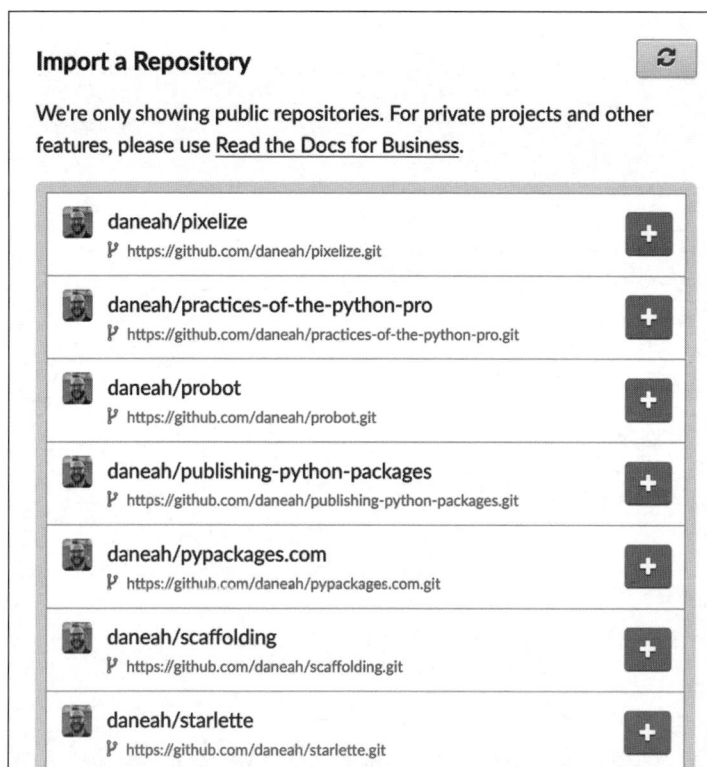

图 8.5　Read the Docs 可以从你的账户或你所在的组织导入任何公共仓库

(3) 选中 Edit Advanced project options:复选框。

在继续之前，请确保设置与图 8.6 类似。准备就绪后，单击 Next 按钮。

下一页会提示你对项目进行高级设置，其中也会填充一些默认值。更改以下内容。

(1) 根据项目 README 文件中的描述更新描述。这仅显示在 Read the Docs 网站上。

(2) 确保 Documentation type 字段设置为 Sphinx Html。

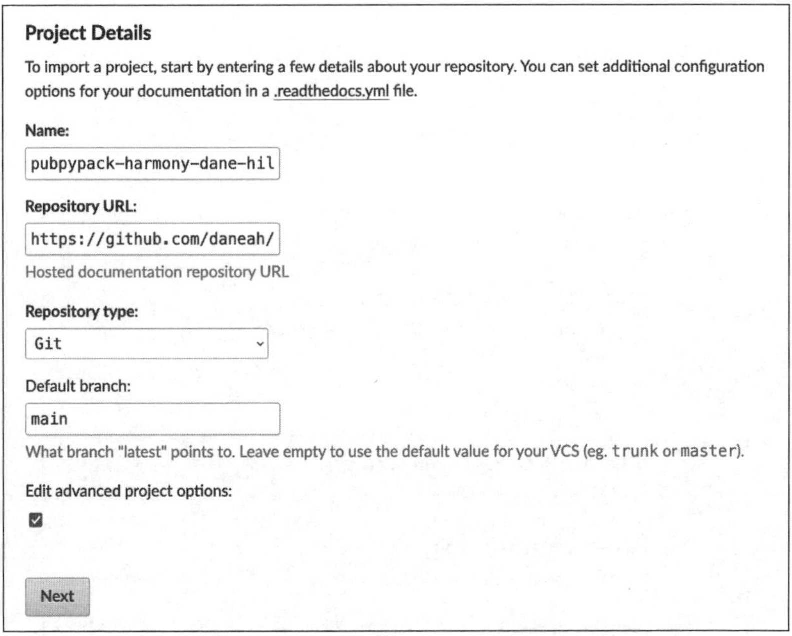

图 8.6　导入项目时的主要 Read the Docs 设置

(3) 确保将 Language 字段设置为你编写文档的语言。

(4) 确保 Programming Language 字段设置为 Python。

(5) 添加一些你选择的标签。这些标签有助于他人发现你的项目。添加一个 pubpypack 标签，这样本书的所有读者都能找到彼此的项目。

在继续之前，请确保设置与图 8.7 类似。准备就绪后，单击 Finish 按钮。

完成项目的导入过程后，Read the Docs 就会进入项目页面。页面上的信息并不多，主要展示的是刚刚输入的设置。重要的是，可以看到 Last Built 字段显示 No build yes(尚未构建)，状态标签显示的是 Unknown(未知)状态，如图 8.8 所示。

此时，Read the Docs 已开始在后台构建项目，可以选择 Builds 选项卡来进行观察，其中有一个状态为 Triggering、Cloning 或 Building

的构建(见图 8.9)。定期刷新此页面；一分钟左右后，状态应更改为
Passed(通过)。

Project Extra Details

Here are a few more project options that you may need to configure.

Description:

```
This package provides utilities for
calculating the harmonic mean of a dataset.
```

Documentation type:

```
Sphinx Html                    ⌄
```

Type of documentation you are building. **More info on sphinx builders.**

Language:

```
English                        ⌄
```

The language the project documentation is rendered in. Note: this affects your project's URL.

Programming Language:

```
Python                         ⌄
```

The primary programming language the project is written in.

Tags:

```
pubpypack, harmonic mean
```

A comma-separated list of tags.

Project homepage:

```
https://github.com/d
```

The project's homepage

[Previous] [Finish]

图 8.7　导入项目时 Read the Docs 的高级设置

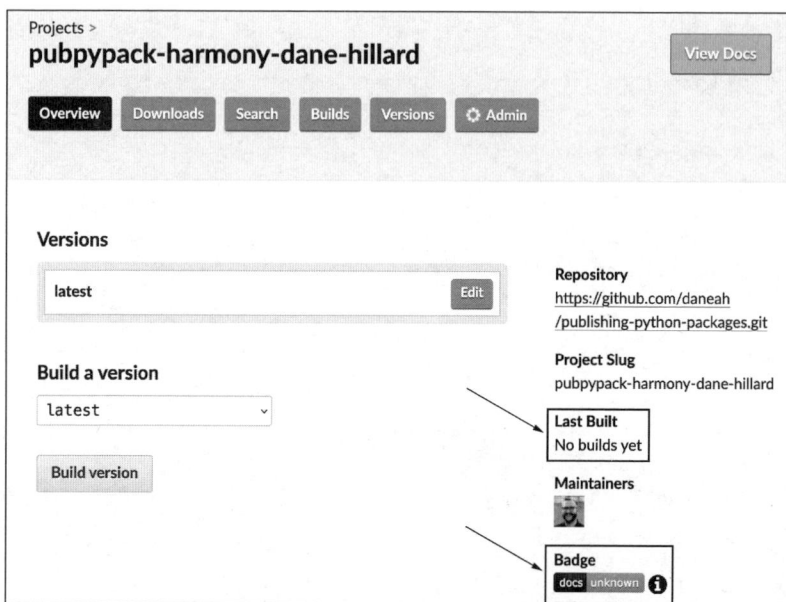

图 8.8　从 GitHub 导入仓库后的 Read the Docs 项目页面。它还没有任何构建

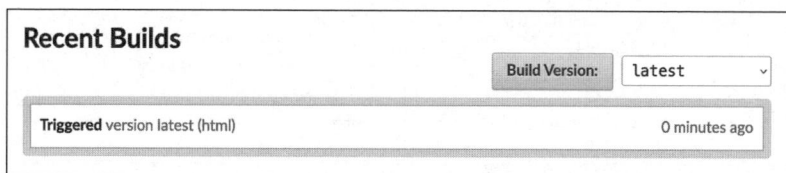

图 8.9　Build 页面显示了过去和当前的构建状态

　　构建成功后，单击 View Docs 按钮查看已发布的文档。URL 应为
https://pubpypack-harmony-<firstname>-<lastname>.readthedocs.io/
<language>/ latest/。

　　仔细查看新文档网站的主页。注意，你精心配置的 sphinx-apidoc
命令所提取的代码文档并没有显示在这里。这是因为 Read the Docs
并不了解你的 tox 环境——它只是复制了在docs/目录中找到的内容，
而没有先运行 sphinx-apidoc。为解决这个问题，可以创建一些附加
配置，让 Read the Docs 更多地了解项目。

配置 Read the Docs

当前的配置存在以下两个缺点。

(1) 在构建文档之前，Read the Docs 不会运行 tox 环境或 sphinx-apidoc 命令，从而导致之前看到的代码文档缺失(http://mng.bz/AVye)。

(2) Sphinx 不会像 tox 环境那样将软件包安装到 Python 环境中。如果软件包有任何第三方依赖项，这些依赖项也不会被自动安装，Sphinx 在构建文档时遇到未知的软件包导入可能会导致构建失败。

你必须处理这两种情况，以确保顺利运行。

Read the Docs 将从项目根目录下名为 .readthedocs.yaml 的 YAML 文件(http://mng.bz/ZpAN)中读取配置。Read the Docs 的构建使用的操作系统镜像，与你之前设置的 GitHub Actions 非常相似。通过 YAML 配置文件，可以更改操作系统、构建过程中使用的工具版本等。Read the Docs 会自动找到你的 Sphinx 文档文件，但你也可以明确指定这些文件的位置，这样 Read the Docs 以后就不会混淆了。

现在创建一个空的 .readthedocs.yaml。对于你的项目而言，需要添加以下内容。

- version——你正在使用的 Read the Docs 配置模式的版本。本书撰写时的最新版本为 2，这是必填字段。
- sphinx.configuration——从项目根目录到 Sphinxconf.py 文件的相对路径。
- formats——要构建的输出类型列表。除 HTML 外，Sphinx 还支持 EPUB 和 PDF 输出。如果只想构建 HTML，请指定 htmlzip。
- build.os——要编译的操作系统。请使用最新的 Ubuntu LTS 发行版，本书撰写时的最新版本为 ubuntu-20.04。
- build.tools.python——要构建的 Python 版本。在撰写本书时，默认版本是 Python 3.7。你应该使用软件包支持的 Python 版本之一。请指定类似"3.10"这样的版本，包括引号。YAML 会将不带引号的 3.10 解释为十进制数，结果是 3.1。

- python.install[0].method——指定为文档构建安装依赖项的方式。Read the Docs 支持使用 pip 或 Setuptools 安装软件包；因为 Setuptools 方法是一种传统方式，所以你应该使用 pip，而你也已经正确配置了软件包，因此软件包可以使用最新的 Python 构建系统方法进行安装。请指定 pip。
- python.install[0].path——软件包项目目录的相对路径。你的软件包项目与根目录相同，因此请使用点字符(.)指定当前目录。

完成后，Read the Docs YAML 配置文件应如代码清单 8.11 所示。

代码清单 8.11　读取文档配置文件

```
version: 2          ◀── 读取 Docs 配置
                         模式的版本
sphinx:
  configuration: docs/conf.py    ◀── Sphinx 配置的位置

formats:
  - htmlzip        ◀── 仅构建 HTML 输出

build:
  os: ubuntu-20.04    ◀── 指定非默认操作
                           系统
  tools:
    python: "3.10"     ◀── 指定非默认 Python 版
                            本——记得使用引号
python:
  install:
    - method: pip      ◀── 在构建文档前使用
      path:.               pip 安装软件包
     安装位于项目根目
     录的软件包
```

有了这样的配置，稍后就可以在项目中添加依赖项，并确信 Sphinx 不会因为未知的导入而失败。接下来，需要让 Read the Docs 运行 sphinx-apidoc 命令。

1. 在 Read the docs 上运行 sphinx-apidoc

在 tox 环境中，分别在 sphinx-build 和 sphinx-autobuild 命令之前添加 sphinx-apidoc 命令，代码文档就会在完整构建之前被提取出来。当在 Read the Docs 上构建项目时，Read the Docs 会运行它自己独立的命令集，这些命令集与你的 tox 环境无关，它们也不会关心你的 tox 环境。你无法直接让 Read the Docs 更改其构建进程，但却可以让 Sphinx 在每次构建前执行一些特定任务。

作为插件架构的一部分，Sphinx 公开了一系列"事件" (http://mng.bz/Rv4R)，这些事件可以扩展至接口。其中一个事件称为 builder-inited(http://mng.bz/2rro)，它会在构建开始之前触发。在构建过程中，Sphinx 会调用在配置中定义的 setup 函数，可通过该函数连接任何需要监听的事件。你可以利用这种架构以及 sphinx-apidoc 的编程 API 来实现与 tox 环境中调用 sphinx-apidoc 命令相同的行为。

注意：鉴于你已经在 setup.cfg 文件中添加了一些配置，下面的内容可能会让你觉得多余，但我建议同时进行这两项配置。sphinx-apidoc 步骤的持续时间会随着项目包含的 Python 模块数量的增加而线性增长，因此随着时间的推移，这个步骤可能会变得越来越慢。在每次本地构建之前都运行它可能会让人生厌，尤其是在只修改技术文档时。

只有在 Read the Docs 环境中执行构建时，才能对 sphinx-apidoc 进行编程配置。可以通过检查 READTHEDOCS 环境变量的值来确定这一点，该变量在 Read the Docs 构建环境中的值为"True"。当检测到是在 Read the Docs 上进行构建时，可以定义 setup 函数以挂载到 sphinx-apidoc。sphinx-apidoc 的编程 API 接受与命令行界面相同的参数，因为它将一个 main 函数作为控制台脚本公开，这与你为 harmony 命令创建的脚本类似。在 docs/conf.py 模块中使用它时，唯一的区别是源代码、输出目录和忽略文件的路径应基于该模块来指定，而非基于项目的根目录。可以使用 Python 的 os.path 模块

(https://docs.python.org/3/library/os.path.html)或更新的 pathlib 模块
(https://docs.python.org/3/library/pathlib.html)来实现这一点。

请将代码清单 8.12 中的代码添加到 docs/conf.py 模块的底部。

代码清单 8.12　使 sphinx-apidoc 作为 Read the Docs 构建过程的一部分运行

导入 sphinx-apidoc

```
if os.environ.get("READTHEDOCS") == "True":  ←── 仅在 Read the Docs
    from pathlib import Path                       环境中运行

    PROJECT_ROOT = Path(__file__).parent.parent  ←── 计算所需的
    PACKAGE_ROOT = PROJECT_ROOT / "src" / "imppkg"     项目路径

    def run_apidoc(_):  ←────────────── 运行 sphinx-apidoc 的函数
        from sphinx.ext import apidoc
        apidoc.main([  ←────── 使用与其他地方相同的
            "--force",            参数调用 sphinx-apidoc
            "--implicit-namespaces",
            "--module-first",
            "--separate",       路径必须设置为相对路径，
            "-o",               并且必须是字符串类型
            str(PROJECT_ROOT / "docs" / "reference"),  ←──
            str(PACKAGE_ROOT),
            str(PACKAGE_ROOT / "*.c"),
            str(PACKAGE_ROOT / "*.so"),
        ])
                                          在 main 构建之前
                                          调用 run_apidoc
    def setup(app):
        app.connect('builder-inited', run_apidoc)  ←──
由 Sphinx 在构建过程中调用
```

完成对 docs/conf.py 模块的修改后，就可以提交修改并推送到
GitHub。当这些更改到达你在 Read the Docs 中指定的分支时，就会
触发一次新的构建。构建完成后，就能看到完整的文档了。

注意：Read the Docs 为文档网站制定了高效的缓存策略。通常

情况下，需要在浏览器中进行一次硬刷新，才能看到构建完成后的最新内容。

在继续之前，Read the Docs 还为你提供了一个便利。

2. 为 Github 拉取请求自动构建 Read the Docs

Read the Docs 可以为你开启的每个拉取请求构建文档，就像你已有的 GitHub Actions 工作流一样。要添加此功能，请执行以下步骤：

(1) 在 Read the Docs 中访问你的项目页面。

(2) 单击 Admin。

(3) 单击 Advanced Settings(高级设置)。

(4) 选择 Global Settings(全局设置)部分底部的 Build Pull Requests for This Project(为本项目构建拉取请求)选项。

(5) 单击页面底部的 Save 按钮。

下次推送更改时，Read the Docs 会在你的拉取请求中添加一个状态，显示文档是否成功构建(见图 8.10)。

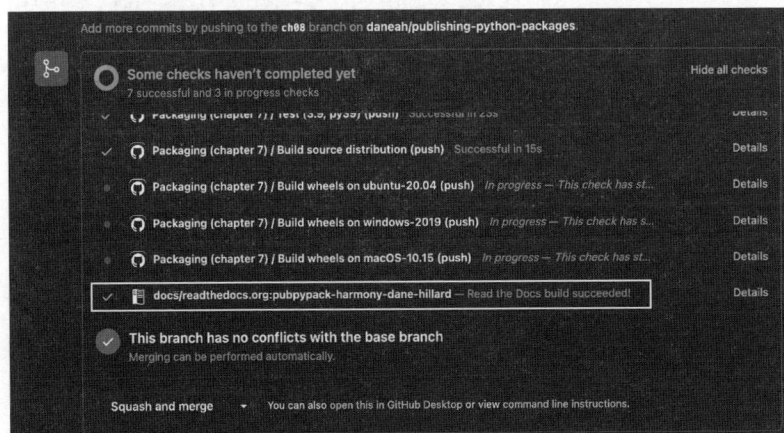

图 8.10　在 GitHub 拉取请求下显示 Read the Docs 的构建状态

你可以单击 Read the Docs 拉取请求状态上的 Detail 链接，查看文档的临时版本。Read the Docs 会在 HTML 中添加一个警告，说明该文档不是实时版本(见图 8.11)。

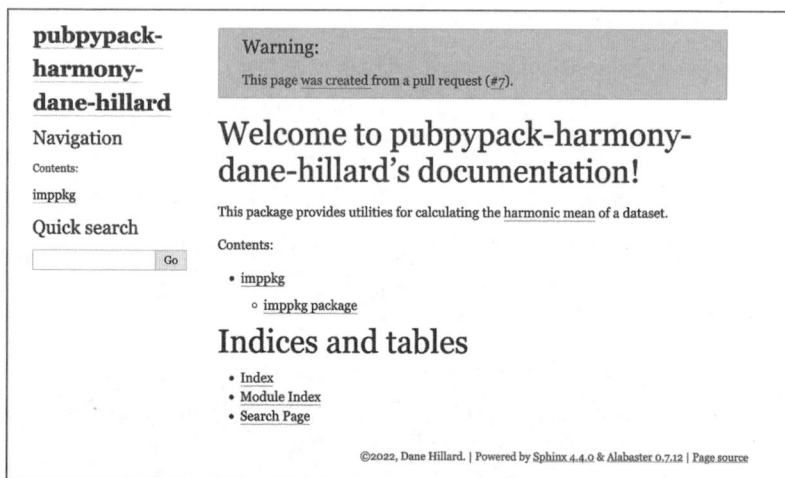

图 8.11   Read the Docs 为拉取请求构建文档的临时版本

你现在拥有了一个涵盖以下内容的文档系统:

- 由 reStructuredText 和 Sphinx 支持的、具有丰富交叉链接和风格化功能的技术文档。
- 带有类型提示的代码文档,也支持 reStructuredText 语法。
- 通过 Read the Docs 实现自动构建和发布。

这对你和你的 CarCorp 用户及其他用户都很有价值,但未来的价值在于你承诺保持文档完整和及时更新。当你对代码,尤其是公共 API 进行更改时,请考虑所做的更改对文档产生的影响,并采取相应措施。本章最后几节将介绍一些最佳实践和其他实用提示。如果你对文档编写感兴趣,可以继续阅读;或者,你可以先跳到第 9章,当你想深入了解时再回来重温这些内容。

8.4   文档编制最佳实践

本章讲解了 Diátaxis 框架,该框架旨在将文档根据用户的不同目标进行分类。下面的一些实践已经超越了这一模式，几乎在任何情况下都适用，而且能够确保文档始终保持出色。

8.4.1　记录文档内容

如果把文档的详尽程度看作是一段光谱(不包括"完全没有文档"的极端情况)，那么光谱的一端便是记录所有内容，另一端则是只记录公共 API。Sphinx 提供的功能可以自动提取代码文档，即使是未记录或私有的函数和方法也不例外，因此从技术角度来看，它支持整个光谱系列。在决定项目在光谱上的定位时，应仔细考虑目标受众。

如果你希望受众是最终用户，或者是只想利用你的软件包完成自己工作的人，那么记录公共 API 是最佳做法。这样做有两个好处：人们不会被无关的代码细节所困扰，也不会依赖这些代码。因为 Python 没有真正私有的代码，人们不可避免地会依赖实现细节，尤其是当它们出现在文档中时。如果你需要优先记录一部分内容，那就先记录用户最想知道的内容，然后再慢慢记录其他不那么重要的内容。

另一方面，如果你希望文档的受众是参与项目维护的其他开发人员，那么你可能需要考虑记录那些难以解决的实施细节、已知的局限性等。这可以帮助他们在未来更好地开发项目。他们会有不同的优先级，通常会从架构的角度与代码进行交互，以确定项目前进的合适路径。良好的文档可以帮助人们理解代码的"是什么"和"为什么"，因此你有责任确保项目维护者了解项目的设计和历史。

8.4.2　重链接轻重复

除了选择避免记录自己项目代码的某些部分，避免过多地记录其他项目的代码也很重要。在自己的项目中保持代码更新已经相当具有挑战性，而记录其他项目的代码又会增加一层额外的复杂性。对于那些你无法控制的项目，它们可能随时发生更改，因此你在周一记录的行为可能在周四就会发生更改，而你可能要在几天、几周甚至几个月后才能意识到这一点。相反，要重视那些提及某个项目的主要功能，并链接到该项目的功能页面。这样做的另一个好处是，人们可以在文档中了解高级流程，然后在需要时跳转到详细文档了解更多信息。

默认情况下，Sphinx 支持使用:class:和:ref:等角色链接到特定的类、函数等(http://mng.bz/199Q)，但这些引用只能在你自己的项目中起作用。幸运的是，Sphinx 提供了一个名为 intersphinx 的扩展(http://mng.bz/Poo8)，可以让这些引用在其他 Sphinxpowered 文档网站上也能正常工作。使用 intersphinx 的唯一要求是，在构建项目文档时，你连接的任何文档网站都必须可以通过网络访问。

你可以在许多不同的 Python 项目中看到 intersphinx 的实际应用。例如，pytest-django(https://pytest-django.readthedocs.io)交叉引用了 pytest 文档(https://docs.pytest.org)和 Django 文档(https://docs.djangoproject.com)。这些项目反过来又链接到 Python 文档(https://docs.python.org)。这些相互链接的文档集确保了用户总是能直接从官方来源获取最新信息。有了结构良好的文档，就能创造出类似维基百科的浏览体验，用户可以轻松地浏览不同的主题。

8.4.3   使用一致的、同频的语言

撰写文档与撰写论文、书籍或其他作品有许多相同之处：时态要一致；语法要正确；引用事物时，拼写和大小写要正确。任何错别字或令人困惑的段落都会给那些本就困难的用户增添认知负担。

此外，某些措辞还会给用户带来挫败感。假设有人在理解某个概念时遇到困难，且无法让代码正常运行。当他们查阅项目文档时，若文档中提到"只需几个简单的步骤"就能运行，或者"显而易见这个用例不起作用"，而实际情况对这些用户来说并不简单或显而易见，那么看到这样的措辞只可能会让他们怒火中烧。因此一定要始终努力坚持实事求是，剔除模棱两可的措辞以及存在性别歧视的语言等。

检查文档中是否有以下词语，看看它们有何不妥：

- Basic
- Easy/easily
- Simple/simply
- Obvious
- Just
- Automatic/automated
- Magic
- Fast/slow

下面的示例展示了使用这些词语前后的效果：

```
We created this easy API as a way to make international taxes
simple.
We created an international taxes API that solves some problems
other APIs weren't handling.

The developer can use his code to calculate how much manpower
is needed.
The developer can use the code to calculate how large a workforce
is needed.

This package magically tells you which stock to buy.
This package uses the Bloomberg API and machine learning to
recommend a stock with strong odds of increasing in value.
```

8.4.4　避免知识假设，创造语境

用户往往是在谷歌或其他搜索引擎上进行搜索后才看到文档的。他们可能会在没有语境的情况下直接进入文档的任意页面，甚至不知道自己在找什么。因此要尽可能地避免文档内容依赖于其他章节或页面的语境。如果确实需要读者具备来自其他来源的背景知识，请明确提及，并尽可能提供链接。这将有助于用户更快地找到所需的信息，并在必要时进一步阅读，以获得对材料的扎实理解。

下面的例子展示了采用这种做法之前和之后的描述对比：

```
Make sure to use BCNF when modeling your database.

Using 'BCNF <https:/ /en.wikipedia.org/wiki/Boyce%E2%80%
93Codd_normal_form>'_will help ensure that your data model
addresses some specific concerns,listed below.
```

8.4.5　营造趣味视感和连贯的结构

　　大段大段的文字很不方便阅读。如果在长达 20 行的段落中丢失了阅读目标或需要暂停，那么重新开始阅读时，会很难找到之前阅读的位置。通过分割更多的段落，添加序号等方式，可以帮助阅读者轻松定位阅读位置，减轻认知负担，全情投入阅读。

　　有些段落可能很难分割——本书中的一些段落就是如此，我对此要向你表示深深的歉意——但一般来说，应尽量将段落限制为每段仅讲述一个重点主题，并使用列表的方式来处理那些天然适合以列表形式呈现的内容。使用并列结构(http://mng.bz/wyyB)能方便人们对短语和概念进行逻辑分组。

8.4.6　为文档赋能

　　由于撰写文档是一项高难度的工作，因此一些用于撰写优秀文档的最佳工具会大大改进撰写过程。它们可以使编写风格化文本的语法不再烦琐，帮助检查文档是否过时，或者更有效地进行交叉引用。以下是一些值得深入探索的途径。

- 如果因为风格或功能而喜欢上 Sphinx 驱动的文档，那么不妨查看一下生成它的源代码。许多 Sphinx 驱动的网站都会直接链接到 GitHub 中的相关文件。还可以查看该项目的 Sphinx 配置，看看它是否使用了你可以在自己的项目中采用的任何有趣的扩展或技术。Django 的配置(http://mng.bz/qooN)内容繁多，但其中有很多有价值的东西可供探索。
- 如果更喜欢 Markdown 而非 reStructuredText，或者项目需要两者并用，那么请查看 MyST 项目(http://mng.bz/N59n)。

- Python 的 doctest 模块(https://docs.python.org/3/library/doctest. html)可以测试代码文档中的代码示例，确保它们仍然有效。这是确保文档保持最新的一个好方法。
- 阅读并观察大项目的文档结构，即使它们不是 Python 项目。Vue JavaScript 框架(https://v3.vuejs.org/guide/introduction. html)的文档就是一个很好的例子。
- 通过 napoleon 扩展(http://mng.bz/m22y)，可以使用一些其他格式的文档字符串，但它们仍会被正确解析为结构化文档。
- 如果不喜欢默认的 Alabaster 主题，Sphinx 还有其他可用的内置主题(http://mng.bz/5mmZ)，而且还有一个完整的 Sphinx 文档主题社区(https://sphinx-themes.org/)。此外，还可以从头开始定制 Sphinx，或修改现有主题以满足项目需求。

8.5 小结

- 文档是项目成功采用的必要条件。
- 不同的用户可能会有不同的目标，因此文档应侧重于一次满足一个目标。
- 应使用支持链接和交叉引用的技术来支持读者浏览文档。
- 保持文档更新是一项具有挑战性的任务，因此要想方设法实现自动更新。宜将代码参考文档保存在代码附近，并自动提取供更高层面的使用。
- Sphinx 是一个可扩展的框架，用于从技术文档和代码文档中构建文档。
- Read the Docs 是一个支持 Sphinx 的流行公共文档平台。
- 在撰写文档时，请将读者放在心上。铭记怎样才能最清晰、最真实地表达你想要表达的内容。

第 *9* 章

保持软件包的持续更新与活力

本章涵盖如下内容：
- 为软件包发行选择版本化策略
- 使用 GitHub 的 Dependabot 自动更新依赖项
- 设置测试覆盖率阈值
- 使用 pyupgrade 升级 Python 语法
- 使用预提交钩子减少返工

在前面章节中，我们成功地在本地构建了一个软件包，然后将其发布，这样所有客户公司的开发人员都能从我们的辛勤工作中受益。你可能会认为此时你已经完成了大部分工作，但对于许多开发人员来说，发布项目往往只是一个开始。当人们开始使用软件包后，各种问题才会相继浮出水面。一个受欢迎的开源项目有可能会发展成为一项持续数年的长期工作。

即使尘埃落定，项目稳定成熟，偶尔也会出现需要更新或修复错误的情况。如果维护者很久没有打开过项目，那么再次入手时可能会付出高昂的代价。如果项目所依赖的周边工具和生态系统自上次更新以来发生了重大更改，那么原本可能只是简单的一行更改，就会演变成长达数天的艰难跋涉：不仅要将依赖项更新到兼容版本，还可能导致项目再次陷入停滞。最糟糕的是，这种情况会在出现安全漏洞时发生；高压力和高风险的环境对谨慎更新没有任何好处。

我如此不吝笔墨地描绘这个场景并不是要吓唬你，而是希望它能让你意识到持续维护和自动化的重要性。如果想保持工作效率，避免软件烂尾，并在未来很长一段时间内维持项目，就需要拥有一个储备丰富的工具箱。本章涵盖了部分工具和理念，但并不全面；重点是强调要随着项目的发展不断学习，这样才能保持常青——就像针叶林在整个冬天都会保持翠绿一样。

重点：可以使用配套代码(http://mng.bz/69A5)检查本章练习的完成情况。

9.1 选择软件包版本控制策略

你在第 3 章首次创建了软件包及其发布元数据，包括版本号。发布软件包的版本有助于将其与其他发行版区分开来。之后，你又在第 7 章的 Python 软件包索引中发布了一个版本为 0.0.1 的软件包。在项目的最初阶段，版本通常是一个逻辑细节，只是作为一个唯一的标识符，使每个发行版本都能被区分开来。但随着时间的推移，使用你项目的人希望版本号能传达发行版本中包含的信息。因此，你需要制定一个发行版本管理策略。在直接了解这些细节之前，首先需要了解 Python 生态系统中依赖项和发行版本之间的相互作用。

9.1.1 直接依赖和间接依赖

并非所有的依赖项都是相同的。当思考软件包及其依赖项时，你可能会想到你在 install_requires 元数据列表中指定的依赖项，或者你在 tox 环境的 deps 列表中指定的依赖项。这些是你在代码中直接导入的依赖项，或者是你在项目开发过程中直接使用的依赖项。例如，软件包依赖 termcolor 软件包提供样式化输出，而开发软件包时则依赖 mypy 和 black 等软件包。这些通过名称的显式引用都是直接依赖。

项目的直接依赖本身可能直接依赖于其他软件包，而其他软件包又可能依赖于别的软件包，以此类推。从项目的直接依赖往下一层或更多层的依赖项就是间接依赖。

注意：你可能会学习过围绕依赖项使用不同术语的资料。有些资料可能使用concrete/abstract(具体/抽象)或dependency/subdependency(依赖/次依赖)来分别指代直接依赖和间接依赖。因为 Python 只允许在一个特定的环境中安装一个版本的软件包，所以这些术语在大多数情况下是可以互换的。

依赖项既可以是直接的，也可以是间接的。你的项目可能直接依赖软件包 A 和软件包 B，而软件包 B 可能直接依赖软件包 A。这样，一个项目的依赖关系就形成了一个图(见图 9.1)。

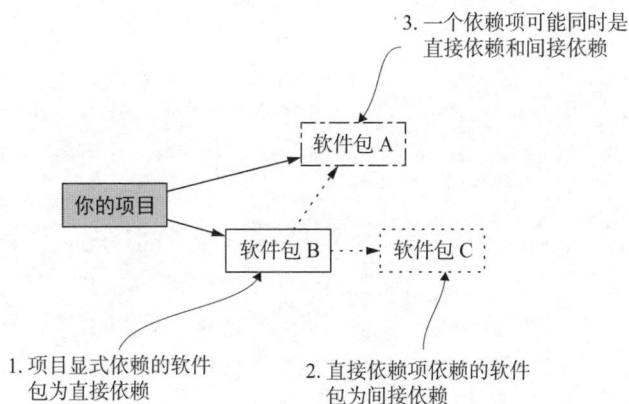

图 9.1　Python 项目直接依赖和间接依赖图

在项目中使用新的依赖项时，请将这个依赖图模型牢记于心。大多数工具都不会直接向你提出这个概念，因此你需要自己去理解它。这个图模型在解决某些依赖项问题时非常有用，这将在9.1.2节中讨论。

实践中的直接依赖和间接依赖

直接依赖和间接依赖的不对称性偶尔会出现在 Python 工具中。当使用 Python -m pip install 命令安装软件包时，指定的只是直接依赖。当使用 Python -m pip list 命令列出软件包时，则会列出所有已安装的软件包，无论是直接依赖还是间接依赖。这可能会导致错误。假设你在一段时间前添加了 package-a 作为直接依赖，而你已经有一段时间没有处理项目了，稍后回到项目时，你想看看安装了什么。在列出已安装软件包时，会看到两个已安装的 package-a 和 package-b。package-b 之所以被安装，只是因为 package-a 依赖它。除非你仔细检查直接依赖，否则可能会误以为可以在项目中安全地使用 package-b。如果 package-a 的新版本不再依赖 package-b，那么这个错误可能会在以后破坏项目，导致 Python 在运行时抛出 ImportError。

区分直接依赖和间接依赖

尽管在撰写本书时，直接依赖和间接依赖已经被 pip 扁平化为一个列表，但有一些工具会跟踪这两种依赖项的区别。例如，poetry(https://python-poetry.org)提供了一个 poetry show --tree 命令，用于列出已安装的依赖项。为了线性列出软件包，它使用了树形而非图形。

还有其他依赖安装方法，例如 pip-tools flow(http://mng.bz/xMdX)。这种方法很有价值，因为你仍然需要显式地管理直接依赖，但由于 pip-tools 会生成直接和间接依赖的静态列表，而非在每次安装依赖项时重新解析它们，因此你还能获得一个可多次重复的构建过程。虽然这种方法功能强大，但我建议在为项目增加这种复杂性之前，先熟悉一下依赖项管理的核心行为。

请将依赖项想象成 API。直接依赖是公共 API 的一部分，间接依赖是私有 API 的一部分。应该只依赖公共 API，因为私有 API 可能会在未通知的情况下发生更改(见图 9.2)。

1. 可以把软件包依赖项看作一个接口，通过安装具体的依赖项可以访问这个接口

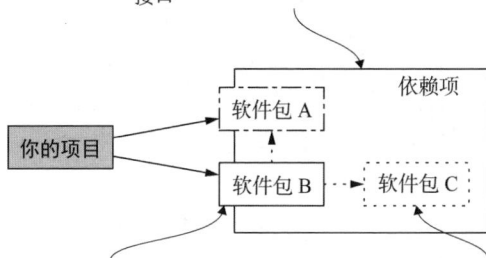

依赖项

你的项目 → 软件包 A

软件包 B ⇢ 软件包 C

2. 具体的依赖项作为接口的公共部分被公开，可以在应用程序和开发工具中直接访问它们

3. 抽象的依赖项应被视为接口的私有部分。应用程序和开发工具无法访问它们

图 9.2　将依赖项视为公共行为和私有行为之间的接口

应始终确保在运行时应用程序中导入的任何软件包都已在 install_requires 元数据中指定，并确保用于开发项目的任何软件包都已在相应 tox 环境的 deps 列表中指定。这种做法将确保项目不会因为间接依赖的更改而中断。如果确实遇到了这样的问题，那么你对依赖图模型的理解会引导你检查所有导入的软件包是否都是直接依赖。

当 pip 等工具需要确定安装哪一组依赖版本时，发布软件包的发行版本就会与依赖项图产生关联。

解决依赖问题并非易事

要满足项目依赖项中的所有约束条件十分困难。要考虑的事情比想象的要多。虽然依赖项解析算法不在本书的讨论范围之内，但 pip 的依赖项解析算法更新的故事却非常有趣(详见 Podcast.__init__，episode 264，http://mng.bz/woKQ)。

9.1.2　Python 依赖项规范和依赖项地狱

第 4 章曾添加了 termcolor 软件包作为依赖项。回想一下，当时指定了允许任何大于 1.1.0 且小于 2.0.0 的版本，如下所示：

```
install_requires =
    termcolor>=1.1.0,<2
```

PEP 440(https://www.python.org/dev/peps/pep-0440/)涵盖了对软件包进行版本控制的各种方式，以及指定依赖项版本的方式。在最常见的情况下，项目采用以下方式(从最严格到最宽松)来指定依赖项版本：

(1) 精确匹配的版本，通常称为 pinning(固定)。termcolor==1.1.3 就是精确匹配 1.1.3 版本的一个例子。

(2) 设置下限和上限，可以是精确匹配或前缀匹配。termcolor>=1.1.0,<2 或 termcolor~=1.1 允许任何大于或等于 1.1.0 但小于 2 的版本。

(3) 仅设置下限。termcolor>=1.1.0 允许任何大于或等于 1.1.0 的版本。

(4) 无版本限制。termcolor 不含任何附加说明，允许安装任何版本的 termcolor。

假设有一个集合包含 termcolor 软件包所有可用的发行版。它们的范围可能从 0.0.1 版(比如你自己的软件包)一直到 5.6.2、10.8.19 或 1000.5.2 发行版。通过指定允许安装的版本范围，可以将安装程序限制在较小的版本范围内。除了对项目直接依赖的限制，项目所依赖的软件包也可能进一步限制允许安装的版本集合。如图 9.3 所示，这些约束可能并不总能很好地协调一致。

当因依赖项版本的约束而无法解决问题时，通常的做法是调查一组潜在的级联测试，以检查升级其中一个直接依赖是否能解决问题。由于这种情况的图形表示有时看起来像一个菱形，因此这种情况有时被称为菱形依赖冲突(见图 9.4)。

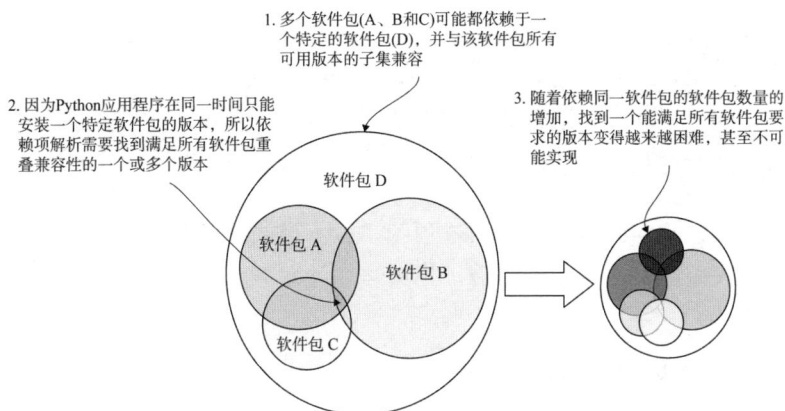

1. 多个软件包(A、B和C)可能都依赖于一个特定的软件包(D)，并与该软件包所有可用版本的子集兼容

2. 因为Python应用程序在同一时间只能安装一个特定软件包的版本，所以依赖项解析需要找到满足所有软件包重叠兼容性的一个或多个版本

3. 随着依赖同一软件包的软件包数量的增加，找到一个能满足所有软件包要求的版本变得越来越困难，甚至不可能实现

软件包 D
软件包 A
软件包 B
软件包 C

图 9.3　依赖项版本说明符充当了给定软件包所有可用发行版本集合的约束条件

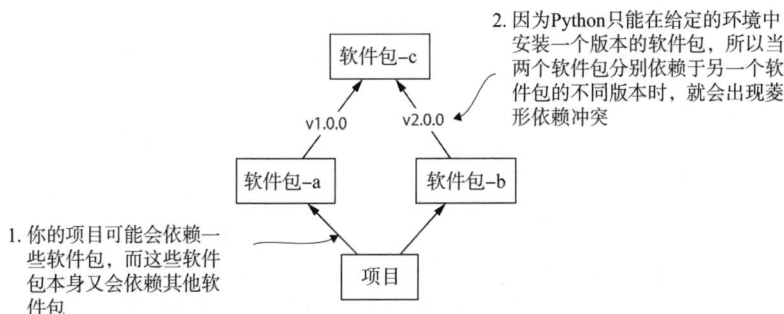

软件包-c
v1.0.0　　v2.0.0
软件包-a　　软件包-b
项目

2. 因为Python只能在给定的环境中安装一个版本的软件包，所以当两个软件包分别依赖于另一个软件包的不同版本时，就会出现菱形依赖冲突

1. 你的项目可能会依赖一些软件包，而这些软件包本身又会依赖其他软件包

图 9.4　有时，冲突会导致无法解析依赖项，而菱形依赖冲突是
最常见的类型之一

因为处理这种情况毫无乐趣可言，而且几乎总是令人沮丧，所以这种情况有时也被称为"依赖项地狱"。

管理依赖项地狱

坦率地说，依赖项地狱是软件开发现实中不可避免的问题。而软件包不必要地将其依赖项限定在一个狭窄的范围内，往往会加剧这一问题。如果要使用某个依赖版本中引入的功能，那么将该版本指定为允许版本的下限是合理的。而设定上限的意义不大；通常只有当库与较新版本存在已知的不兼容性时，才应使用上限(参见

Henry Schreiner 撰写的 *Should You Use Upper Bound Version Constraints?*，
http://mng. bz/099v，以深入探讨设定上限的危险性)。

　　如果可能，直接依赖中允许使用的版本范围越宽越好，这样就
能为那些同时使用软件包和其他依赖项的人提供最大的选择空间。

　　对直接和间接依赖、依赖项图、版本说明符以及这些可能产生
的冲突方面有了基本的理解，你就可以开始考虑自己的软件包版本
策略了。

9.1.3　语义版本和日历版本

　　到目前为止，Python 生态系统中最著名的两种软件包版本分别
是语义版本(https://semver.org/)和日历版本(https://calver.org/)。这两
种版本都与 PEP 440 规范兼容，但它们各自侧重的是关于发布软件
包发行版本的不同信息。

　　语义版本旨在传达发行版本中行为 API 的更改程度。其重点如下。

- 如果安装，该发行版本是否会破坏任何现有行为？如果是，
  那么这就是重大更改。最重要的版本标识符编号应增加 1。
- 如果保留现有行为，该发行版本是否添加了新行为？如果
  是，那么这是小改动。下一个最重要的版本标识符编号应增
  加 1。
- 如果没有添加新行为，那么该更改必须修复已损坏的行为，
  因此是一个补丁更改。最不重要的版本标识符编号应增加 1。

　　该方案有助于辨识 2.0.1 版是否修复了 2.0.0 版中已损坏的行为，
或者从 2.7.3 版升级到 3.0.0 版时，是否需要更新用法。在浏览各种
软件包时，该方案非常有用。

练习 9.1
试写出下列每个版本之后的主版本、次版本和补丁发行版本的
语义版本：

- 17.8.3

- 0.4.6
- 1.0.19

语义版本存在的一个问题是，由于维护者的人为失误，或者用户对版本方案过于信任，可能会导致特定版本过度承诺用户可以期待的内容。如果修复了一个错误，但修复的同时也破坏了现有的行为，那么应该发布补丁还是主版本？严格来说，应该发布主版本。但即使是语义版本规范(semver)也建议"使用你的最佳判断"。如果你选择发布补丁发行版本，而用户认为只要不发行主版本，就不会破坏功能，这会产生沟通障碍，从而可能让用户产生挫败感。

语义版本管理的另一个影响较小的问题是，它无法让你了解特定版本的发行时间。通常可以在发布该版本的软件包仓库中查找发行时间，但若想查看多个软件包或版本，这可能就会变得非常烦琐。语义版本管理甚至可能会让用户因为版本号而误以为某个版本是在另一个版本之前发行的，而这并不能保证。比如，你可能在某天发行了 4.0.0 版本，第二天又发行了 2.1.0 版本的修复程序 2.1.1。事实上，时间线是无法保证的，甚至语义版本的语义也无法完全保证，这正是日历版本诞生的部分原因。

日历版本是一种不太精确的规范，但一般来说，使用日历版本方案的项目会在每个版本的开头注明当前的年份或月份，然后是一个更具体的版本号。通常情况下，使用日历版本控制的项目也会按照设定的时间表发行新版本，在下一个版本发行之前尽可能多地进行更新和修复。这为时间表提供了可预测性，但并不一定会对 API 的更改做出任何承诺。

单源软件包版本

你可能会在网上发现一些讨论软件包版本单源化价值的文章。这是一件很有价值的事情，因为如果将版本存储在多个地方，就不可避免地会在某个时候更新一个而忘记另一个。从历史上看，之所以会有这样的讨论，是因为项目作者的做法是在软件包的根

__init__.py 模块中以 __version__ 属性的形式提供软件包的版本。由于版本还需要在 setup.cfg 或 setup.py 等文件中指定，以便软件包构建工具能够识别它，因此有必要一次性指定版本并在两个地方都使用它(参见 *Python Packaging User Guide*，"Single-sourcing the package version"，http://mng.bz/qYp2)。

　　__version__ 属性只是一种常见的做法，并没有被标准化——唯一提到它的是被拒绝的 PEP 396(https://www.python.org/dev/peps/pep-0396/)。如今的最佳做法是使用 importlib.metadata.version 函数，就像第 8 章中 Sphinx 文档配置中所做的那样。使用这种方法，只需要在软件包的静态元数据中指定版本，就能在代码或用户代码的其他地方读取版本。

　　在这两种版本中，语义版本仍然是最常用的方法。使用顺序版本方案也是有意义的，因此你需要决定哪种方案对你和你的用户来说更直观。归根结底，最重要的是沟通，而沟通往往需要更多的努力。沟通发行版本的最佳方式就是维护一份规范详尽的更改日志，更多关于更改日志的内容详见第 11 章。

　　9.2 节将介绍 GitHub 为管理依赖项版本提供的一些功能。

9.2　充分利用 GitHub

　　作为一个广受欢迎的软件项目更改协作平台，GitHub 也被视为进行软件项目维护的有用平台。在过去几年中，GitHub 已开发或收购了几款实用的软件依赖项管理工具，包括安全扫描、自动漏洞修复、依赖项更新和依赖项图。后续章节将详细介绍这些功能。

　　注意：不同平台提供的功能与后续章节所述功能类似，但它们之间又不尽相同。若你想使用其他平台进行软件协作，则需要阅读该平台的文档，了解它提供的功能。

9.2.1　GitHub 依赖项图

　　GitHub 会检查仓库中的文件，并从中提取有关依赖项的结构化信息。这一功能支持多种编程语言，甚至适用于某些工作流和框架级别的内容，如 GitHub Actions。然后，GitHub 会使用这些结构化数据在所有仓库中生成依赖项图功能。所有公共仓库都启用了依赖项图功能，你也可以在仓库设置中启用私有仓库。由于你的仓库是公共仓库，因此依赖项图已经启用。

　　接下来，访问仓库的 GitHub 页面。单击 Insight 选项卡，然后在左侧导航栏单击 Dependency Graph。GitHub 会以文件为单位，向你展示它能识别的依赖项。它会将每个依赖项链接到相应项目的仓库，并显示项目所依赖的版本。如图 9.5 所示，GitHub 在一个项目的 GitHub Actions YAML 文件中发现了 setup-Python 操作的第 2 版依赖项，并提供了该操作的仓库链接。

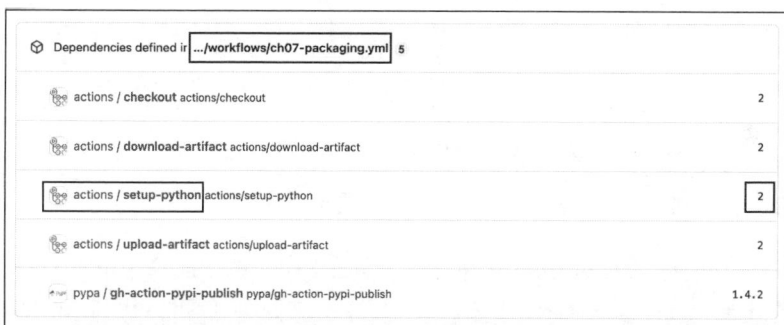

图 9.5　使用 GitHub Actions 的项目，GitHub 依赖项图中展示了该项目的依赖项

　　注意：GitHub 尚不支持在 setup.cfg 文件(http://mng.bz/7yAy)的 install_requires 部分定义的依赖项。可以通过点赞的方式，帮助项目在 GitHub 依赖项图中获得更好的支持，并加入我针对这一话题的功能请求讨论(http://mng.bz/K00O)。

　　你也可以单击 Dependents 选项卡查看哪些项目依赖于你的项目。虽然目前可能还没有任何用户使用你为本书创建的软件包，但你可以在其他热门项目(如 requests 软件包，http://mng.bz/9VVr)中看到这方面的实例。截至本书撰写时，有超过 100 万个项目依赖于 requests (见图 9.6)。

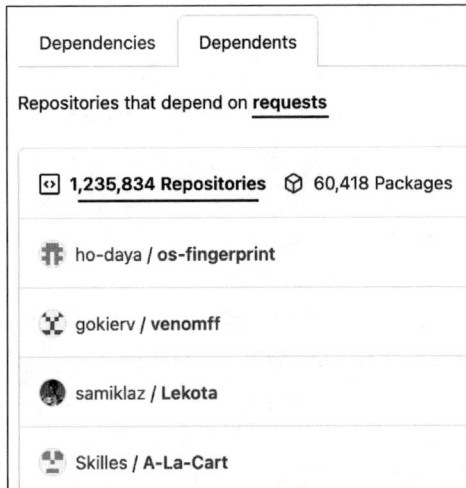

图 9.6　GitHub 依赖项图中展示了热门项目的依赖项

除了显示项目的依赖项，GitHub 还能检查它们是否存在安全漏洞。

9.2.2　利用 Dependabot 减少安全漏洞

导航到项目 GitHub 仓库的设置页面。在左侧导航栏中单击 Code Security and Analysis(代码安全和分析)。在该页面上，可以找到 GitHub 为依赖项安全提供的各种功能。此外，还包括以下依赖项图。

- Dependabot 警报——GitHub 可以为所依赖的、易受攻击的软件包创建自动通知，并提供缓解建议。此功能默认处于开启状态。
- Dependabot 安全更新——当 Dependabot 发现一个易受攻击的依赖项时，启用此选项将自动开启一个拉取请求，以更新到不易受攻击的版本(如果版本可用的话)。该功能默认处于关闭状态。

- 代码扫描——GitHub 还能扫描项目代码，查看是否存在漏洞。该功能默认处于关闭状态。
- 密钥扫描——GitHub 会扫描你的代码，查找可能泄露的密码、API 密钥等，以防止攻击者窃取和使用这些信息。此功能始终处于开启状态。

注意：Dependabot 安全警报不容易生成，任何现有漏洞对项目维护者来说都是敏感的私人信息。请参阅 GitHub 的官方文档，查看相关示例，并阅读有关如何与警报本身进行交互的信息(http://mng.bz/mOM2)。

这些功能看似繁多，但都已实现了自动化，均可提供可操作的警报或拉取请求，你可以根据需要作出响应。安全最好是作为一个多层次的过程来实施，因为每一层都有其独特的关注重点和存在不足之处(James T. Reason，"The Contribution of Latent Human Failures to the Breakdown of Complex Systems"，*Philosophical Transactions of the Royal Society*，http://mng.bz/jAAe)。所以安全策略的多样性程度越高越好。

1. 启用 Dependabot Security Updates

单击 Dependabot Security Updates 旁的 Enable 按钮。Dependabot 将在条件允许的情况下打开拉取请求，更新易受攻击的依赖项。Dependabot 会打开来自@dependabot 用户的拉取请求，除代码更改外，拉取请求还包括以下有用信息：

- 正在更新的依赖项。
- 依赖项在项目中的位置。
- 更改前后的依赖项版本。
- 新旧版本之间的发行说明、更改日志和提交情况。
- 新版本引入破坏性更改的可能性(如果已知)。

还可以通过注释与拉取请求互动，让 Dependabot 采取其他操作。

重要的是，Dependabot 不会在拉取请求中指出修改是为了解决某个漏洞，因为这会提醒恶意用户利用该漏洞。图 9.7 展示的是 black 软件包仓库中的一个拉取请求描述示例。

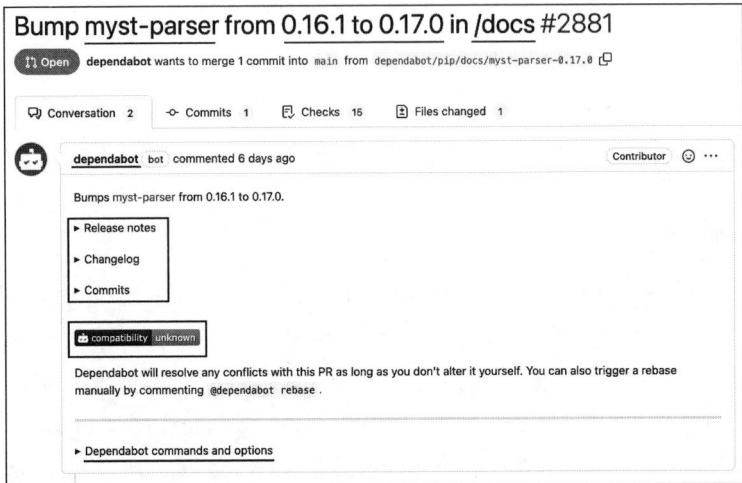

图 9.7　Dependabot 开启拉取请求以更新易受攻击的依赖项，并提供信息
　　　　来评估新版本的兼容性

在 Dependabot 开启拉取请求后，可以通过观察测试和代码质量检查的状态来评估更改的兼容性。还可以在本地检查代码，进行手动验证。如果更改看起来是兼容的，就可以合并拉取请求。Dependabot 会检测到已更新的依赖项，并删除任何相关的漏洞警报。接下来，便可以配置 GitHub 的代码扫描功能，让它扫描代码以查找安全问题和漏洞。

2. 启用 GitHub 代码扫描

GitHub 使用一种名为 CodeQL 的系统，它是 code query language (代码查询语言)的缩写，开发人员可以通过它查询代码库中的特定代码结构(详见 https://codeql.github.com/)。CodeQL 与 mypy、black、flake8 等工具类似，都使用 Python 抽象语法树查找问题。例如，可以使用 CodeQL 查找 Django 项目中易受 SQL 注入影响的区域，因为代码会将未经验证的用户输入直接传递到数据库查询中。用户可以向社区提交 CodeQL 查询，以帮助识别常见的安全问题和漏洞。只需以下几步就能在仓库中启用 CodeQL 扫描。

(1) 导航至仓库的 Code Security and Analysis 设置。

(2) 单击 Code Scanning 旁的 Set Up。

(3) 单击 Set Up This Workflow in CodeQL Analysis。GitHub 会将你带入.github/workflows/codeql- analysis.yml 的预填充的新文件创建视图。

(4) 更新 on.schedule.cron 值，设置成按期望的频率运行。每天运行一次是一个不错的选择。如果不熟悉语法，可以使用 Cron Helper (https://cron.help)等网站来构建 cron 表达式。

(5) 确保 YAML 配置中的 language 字段设置为['python']。GitHub 会为你自动填充这个值，但如果未检测到或检测到不同的语言，也可以手动更改这个值。

(6) 单击 Start Commit，然后根据需要填写详细信息。你可以选择直接提交到主分支，也可以创建一个新分支来开启一个拉取请求。

(7) 单击 Commit New File。

然后，如果选择创建新分支和拉取请求，则可单击 Creat Pull Request，并在检查通过后合并拉取请求。

将 CodeQL 扫描配置添加到仓库后，GitHub 会在每次拉取请求时扫描仓库，并按照设定的时间表定期进行扫描。GitHub Actions 的结果会显示在拉取请求上，与前几章中创建的拉取请求并列，这样就能知道在更改过程中是否引入了 CodeQL 发现的任何漏洞或错误。由于它会定期运行，即使最近没有发起拉取请求，也能了解代码中是否存在新发现的漏洞。这种主动扫描对于不是每天更新的成熟项目特别有帮助。

有了 Dependabot 警报、自动更新和代码扫描，就可以相信依赖项和代码更改不会在未来给项目带来安全漏洞了。不过，项目仍然面临一种威胁模式：衰变威胁模型。

3. 使用 dependabot 自动更新依赖项

衰变威胁模型(YCombinator 用户 javajosh 首次使用该短语,https://news.ycombinator.com/item?id=29474932)指出,最大的威胁之一不是来自外部恶意用户,而是软件自身和生态系统因缺乏维护而崩溃。除了修复项目依赖项存在的漏洞,更重要的是要不断地更新它们,这样才不会因陷入依赖项地狱或"大爆炸"式的更新而束手无策。Dependabot 最初正是针对这种情况而设计的。

可以配置 Dependabot 自动升级依赖项版本,即使现有版本不存在漏洞也如此(http://mng.bz/WMMW)。为此,可以在.github/dependabot.yml文件中对软件生态系统、项目位置、策略和更新频率等方面进行配置。注意,其中许多设置都比较主观;你需要根据自己和团队的工作节奏进行调整,以免出现挫败感。

每天检查一次 GitHub Actions 和 Python 依赖项的更新,是为软件包更新 Dependabot 的较好的最低可行起点。这需要用到以下字段。

- version——当前的 Dependabot 配置版本。撰写本书时,版本为 2。
- updates——要检查其可用更新的配置列表。
- package-ecosystem——指定配置的生态系统。其中一个用于github-actions,另一个用于 pip。
- directory——用于检查当前依赖项版本的目录。两个配置都可以使用"/"。
- schedule.interval、schedule.day、schedule.time、schedule.timezone——检查更新的频率。每周一上午检查一次可能是一个不错的起点。

提示:有关所有可用配置的完整列表,可参考 GitHub 文档(http://mng.bz/5QV1)。

接下来在项目的.github/目录中创建 dependabot.yml 文件。注意,该文件不应放在 GitHub Actions 旁的.github/workflows/目录中,因为

它不是 GitHub 操作。完成后，配置应该如代码清单 9.1 所示。

代码清单 9.1　每周更新的配置示例

```
每周一检查依赖项

    version: 2        ←── Dependabot 配置版本
                                                GitHub Actions 依
                                                赖项的更新配置
    updates:          ←── 更新的配置列表
      - package-ecosystem: "github-actions" ←──┘
        directory: "/"        ──→ 从项目根目录开始
        schedule:                检查依赖项
          interval: "weekly" ←──
      ──→ day: "monday"          每周检查依赖项更新
      ──→ time: "09:00"

      - package-ecosystem: "pip"  ←── Python 依赖项的
        directory: "/"              更新配置
        schedule:
          interval: "weekly"
          day: "monday"
          time: "09:00"

每天 09:00 检查依赖项
```

　　提交并将这个新文件推送到仓库。文件添加后，Dependabot 会按照指定的时间表来检查依赖项更新。如果 Dependabot 发现任何符合你设定参数的更新，都会发起一个拉取请求，该请求与它为安全漏洞更新发起的请求格式相同。

　　现在你已经了解了有关依赖项的各种实践，接下来继续阅读影响项目保持更新状态的其他方面。

9.3　阈值测试覆盖率

　　第 5 章中，我们使用 pytest 和 pytest-cov 为软件包添加了单元测试和测试覆盖率测量。这一配置有助于了解有多少代码未经测试，哪些文件的测试覆盖率最低。虽然这些信息很有用，但缺乏强制措施。

许多项目的测试覆盖率都会超出预期，这很正常。并不是所有的贡献者都会把测试作为其工作的组成部分，而反复提醒人们编写测试只会让你陷入困境——即使你只是为了保护项目。或许你已经猜到，让自动化流程来承担这一任务会更加有效。这样，相关人员会收到通知，而你在大多数情况下也不需要干预。如果项目在覆盖率方面已经远远落后，那么开始强制测试覆盖率似乎是一个不可逾越的障碍，但事实恰恰相反。你的目标应该是先"止血"，确保覆盖率不再恶化，然后再增加强制措施，确保覆盖率只会越来越高。

回想一下，100%的覆盖率并不一定是最终目标；它可能很难实现，而且收益会递减。如果你专注于稳步提高覆盖率，就不必担心现在的情况与你想要的最终状态之间的差距。相反，应确保覆盖率在最坏的情况下保持不变，并随着时间的推移逐步提高。这种机制就像一个棘轮，只能向一个方向收紧。任何时候，如果添加的新测试提高了覆盖率，就需要有一种方法来保证覆盖率不会再降回到新值以下(见图9.8)。

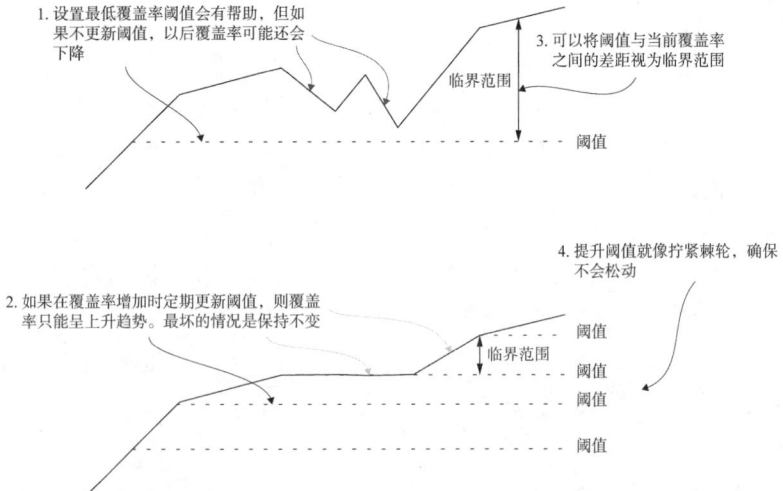

图 9.8　优先考虑单调递增的覆盖率，以便随着时间的推移实现持续、渐进的改进

只需编写一行代码，就能为项目建立测试覆盖率阈值机制。打开 setup.cfg 文件，找到[coverage:report]部分。回想一下，第 5 章曾使用这部分来控制在运行 tox 环境进行测试时如何报告覆盖率。可以为该部分添加一个浮动值介于 0.0 和 100.0 之间的 fail_under 键。如果测试覆盖率低于指定的值，那么在测试运行后报告覆盖率的步骤就会失败，并显示类似下面的信息：

```
FAIL Required test coverage of 78.9% not reached. Total coverage:
33.33%
```

练习 9.2

现在运行测试。根据前面章节的练习，测试覆盖率应该仍是 100%。将 fail_under 设置为 100.0，然后再次运行测试。通过了吗？尝试临时删除一两个测试。现在通过了吗？

一旦覆盖率提高，就应将 fail_under 值更新为新的阈值。当其他人在没有添加新测试的情况下贡献新代码时，GitHub 的测试操作就会因覆盖率下降而失败，从而提醒他们需要补充相应的测试。

提示：应确保观察了测试矩阵所有组合的覆盖率。不同的依赖项可能会导致覆盖率略有不同，你需要将 fail_under 设置为其中的最低值，这样它们就不会达到阈值。

在了解安全性和测试覆盖率之后，接下来要讨论一个很少考虑的方面：所使用的 Python 语法。

9.4　使用 pyupgrade 更新 Python 语法

致使语言不断发展的原因不仅在于它提供的特性，还在于编写程序所用的语法。随着时间的推移，语法不断被引入，这使得某些语法结构会因此变得更容易，有时使用新语言版本的内置语法比使用旧的手动方法能更快或更准确地完成任务。在某些情况下，新语法甚至能完成以前根本无法完成的事情。

pyupgrade(https://github.com/asottile/pyupgrade)会更新 Python 代码的语法，以利用项目所支持的 Python 版本中的新语法特性。就像 black 一样，pyupgrade 使用抽象语法树来确保新旧代码在功能上等效。此外，和 black 一样，只需告诉 pyupgrade 在更改后需要继续支持哪些 Python 版本，就可以运行 pyupgrade 命令了。

与代码格式化一样，在代码完成功能、测试、类型检查等工作之前，你会希望避免语法更新。最好的办法是在仓库中使用预提交钩子。接下来阅读 9.5 节，了解如何设置一个利用 pyupgrade 的钩子。

9.5　使用预提交钩子减少返工

预提交钩子(pre-commit hook)是在尝试向版本控制系统提交所进行的更改时运行的可执行代码。Git 可本地支持版本控制生命周期各个环节的钩子，其中预提交钩子最受欢迎，因为它能在开发过程中提前进行一些代码质量检查，提供更紧密的反馈回路。这些钩子有助于从一开始就阻止不正确的代码进入仓库。然而，虽然可以创建自定义的钩子，但 Git 不会强制其他开发者安装这些钩子，而且随着时间的推移，管理许多不同的钩子会变得很麻烦。

pre-commit(https://pre-commit.com/)是一个管理预提交钩子的框架。与本地处理 Git 钩子相比，它有以下几处很好的改进。

● 钩子支持从互联网仓库进行安装，从而创建基于插件的架构。

● 多数钩子在隔离的容器中运行，有效降低了其对安装仓库以外其他资源进行操作的可能性。

● 多数钩子仅在已更改的文件上运行，这对降低检查的成本十分有益。如果需要，仍可在所有文件中运行它们。

重点：在继续阅读之前，请访问附录 B 安装本章所需的工具。

开始配置预提交钩子前，应新建一个.pre-commit-config.yaml 文件。在此 YAML 文件中，需要使用以下键值。

- repos——从中获取预提交钩子的仓库列表。
- repo——特定钩子的仓库，如 URL。
- rev——要使用的钩子的修订版本。该版本通常是指定仓库中的 Git 标签之一。
- hooks——要使用的指定仓库中的钩子列表。
- id——由指定仓库提供的钩子的唯一标识符。
- args——钩子运行时传递给钩子的附加参数。

提示：有关所有可用配置的完整列表，可参阅 Precommit 文档 (http://mng.bz/822D)。

下面为 pyupgrade 创建第一个钩子配置。在.pre-commit-config. yaml 文件中填写以下信息。

- pyupgrade 的仓库是 https://github.com/asottile/pyupgrade。
- 目前的最新版本是 v2.31.0。
- 钩子的标识符是 pyupgrade。
- pyupgrade 的参数表示要支持的 Python 版本。例如，--py37-plus 表示支持 Python 3.7 及以上版本。--py3-plus 表示支持 Python 3 的所有版本。此处指定的版本应与 pyproject.toml 中为 black 指定的版本以及 tox envlist 中指定的版本一致。

完成 pyupgrade 配置后，代码如代码清单 9.2 所示。

代码清单 9.2　使用 pyupgrade 的预提交配置示例

为仓库创建配置后，在项目根目录下运行 pre-commit install 命令，将 pre-commit 安装到仓库中，这样它就能管理预提交钩子了。安装预提交钩子后，任何新提交都会触发钩子针对更改后的文件运行。要针对项目中的所有文件运行预提交钩子，可以运行 pre-commit run --all-files 命令。现在就运行它，观察 pyupgrade 是否会修改语法。

> **练习 9.3**
> 越来越多的工具开始提供预提交钩子，如 flake8(https://github.com/ pycqa/flake8)和 black(https://github.com/psf/black)，它们都提供预提交钩子。这些钩子的配置几乎完全相同，任何关于 args 或其他键的特定配置都是针对特定工具的。现在就可以尝试把 flake8 和 black 的钩子添加到你的预提交配置中。此外，你应该阅读自己喜欢的工具的文档，了解如何将它们用作预提交钩子。

虽然预提交钩子可以提高工作效率，但我们必须认识到，如果它们的运行成本过高、速度过慢，就会产生令人讨厌的反作用。即使你的目的是为独立的小提交提供更紧密的反馈回路，但缓慢地提交钩子会促使人们在尚未完成所有工作之前避免提交。因此，你需要在每项检查的价值和它们的执行时间上找到一个平衡点。

现在你已经拥有了对代码及其依赖项的安全扫描、单调递增的测试覆盖率、最新且最棒的 Python 语法，以及从一开始就能预防一些常见错误被提交到仓库的方法。这将在项目的生命周期中减少很多噪声，并帮助你随时间主动进化，避免衰变威胁模型。在第 10 章中，你将温故而知新，提取一个模板，以便在创建任何新项目时都能获得相同的体验。

练习答案

9.1

- 18.0.0，17.9.0，17.8.4
- 1.0.0，0.5.0，0.4.7

- 2.0.0，1.1.0，1.0.20

9.6　小结

- 软件的依赖项会构成较为复杂的图，项目作者应注意尽量减少对其依赖项的限制，以实现与其他软件包的最大互操作性。
- 依赖项会通过安全漏洞和僵化影响项目。请定期更新它们，以避免日后麻烦。
- 不要试图达到 100% 的测试覆盖率，尤其是在现有项目上。相反，随着时间的推移，应使用覆盖率阈值来递增和单调地增加覆盖率。
- 预提交钩子可帮助预防不正确的代码被提交，但应谨慎使用，以鼓励频繁、少量的提交。

第IV部分

路漫漫其修远兮

到此，你至少已经在运行一个状况良好的Python软件包项目了。无论你是打算将学到的知识应用到另一个现有的项目中，还是应用到将来创建的新项目中，都需要记忆大量信息，并掌握大量的配置、语法和目录结构。如果学习中断了几个月，那么你很可能要从头开始学习。如果你想在学习的同时还管理好维护者团队和用户群，那么学习量无疑会倍增。

本部分将帮助你为新项目创建一个可重复的流程，以便你能快速启动和运行，并专注于每个项目特有的软件。此外，本部分还会介绍一些关于成功运维社区的内容，这些内容可以最大限度地提高其他人为你的项目做出贡献和进行维护的可能性。

第 *10* 章

扩展和巩固实践

本章涵盖如下内容：
- 提取项目模板，使用 cookiecutter 创建未来的软件包
- 使用私有软件包仓库服务器发布和安装软件包
- 使用命名空间软件包在多个软件包之间划分大型项目

本书的大部分篇幅都在介绍如何发布软件包。我一直在强调可重复流程和自动化的价值，但到目前为止，本书只是关注单个软件包。现在，你已经为软件包建立了一个稳固的流程，那么下一个要创建的软件包呢？无论你是对维护开源项目感兴趣，还是想成为组织中 Python 软件包的主题专家，都不可避免地要创建和发布更多软件包。尽管你可能想通过从头开始创建另一个软件包来巩固你学到的一些知识，但在创建了第 4 个或第 5 个软件包之后，这个过程就会变得单调乏味了。

本章将讲解如何从现有软件包中提取共同元素，并介绍一些大规模处理私有和大型发布软件包项目的技巧。

重点：在继续阅读之前，请阅读本书附录 B，安装本章所需的工具。

可以使用配套代码(http://mng.bz/69A5)检查本章练习的完成情况。

10.1　为未来软件包创建项目模板

一般来说，你创建的每个项目都应该有一个明确的职责，以帮助你与那些要求提供新功能的人进行艰难的对话。毕竟，这可以更容易地确定哪些功能属于该项目，哪些不属于该项目；还可以允许用户通过组合几个小软件包来实现其特定目标，而非安装一个大软件包，只使用其中一小部分可用软件包功能。

虽然每个项目都可能有不同的、由代码支持的独特职责，但每个软件包的许多部分都是相同的。这些常见的代码和配置称为模板，是项目运行所必需的，但除了填写一些值，很少需要特别注意。

假设，你需要按照本书迄今为止所学的流程，从零开始为 CarCorp 公司创建 5 个新软件包。想想你必须创建的所有不同的配置文件和目录结构。你会在哪里出错？你将如何验证你所做的一切是否正确？你认为这需要多长时间？你很可能已经想到了一些问题，但在实际操作中，却往往还会遇到一些意想不到的问题。由于人为错误的空间很大，因此软件包创建过程缺乏可重复性可能会阻碍你上新项目的速度。

与其每次都从头开始创建软件包，不妨使用模板系统，该系统包含项目所需的所有模板，可帮助你在需要时填写特定于项目的信息。你甚至可以将项目模板置于版本控制中，并随着时间的推移对其进行改进，将最新标准应用到所创建的每个新软件包。如果你发现 CarCorp 公司和你的其他客户之间存在足够的差异，就可以为他们制作一个特定的模板，并将这些差异记录下来编成册。接下来的章节将用到 cookiecutter(https://cookiecutter.readthedocs.io)，这是一个基于 Python 的项目，用于创建与语言无关的项目模板。

10.1.1　创建 cookiecutter 配置

cookiecutter 项目就像一个真正的饼干切割器，之所以叫它饼干切割器，是因为你可以用它来创建一个模板，然后用这个模板来切割出几个形状相似的东西。虽然所创建项目的核心形状相似，但你也可以将某些部分视为动态可变的，并在创建新项目时填写这些值(见图 10.1)。这有点像用不同的糖霜和撒粉组合来装饰饼干。

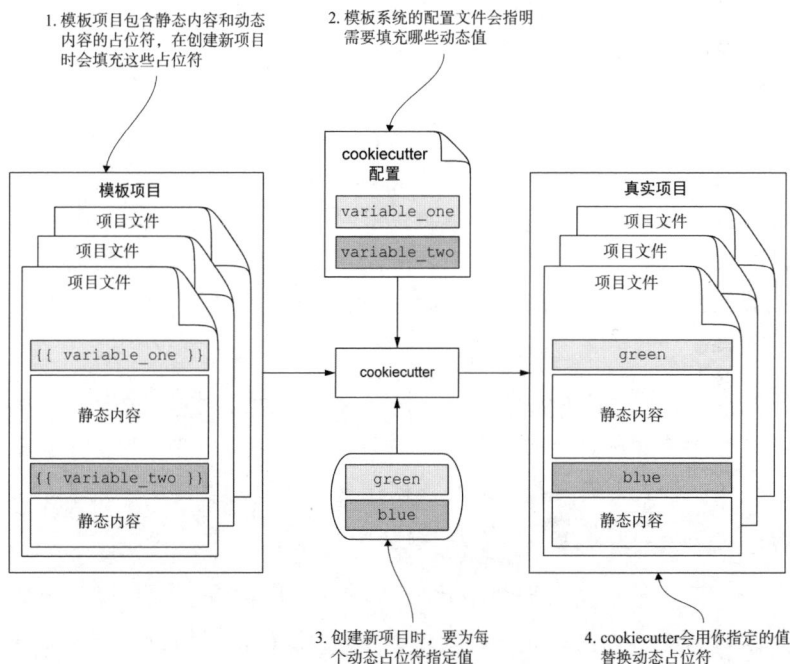

图 10.1　使用静态模板和动态用户输入通过 cookiecutter 模板来创建新项目

接下来的章节会对这个新目录进行修改，使其成为 cookiecutter 模板项目。

使该项目与 cookiecutter 协同工作的第一步是配置必须填充的

动态值。要了解这些值是什么，可先行考虑目前特定于你项目的内容，但这些内容在任何新项目中都需要更改为其他值，例如，以下内容：

- 项目名称，first-python-package。
- 导入软件包名称，imppkg。
- 项目目的描述。
- 项目作者的姓名和电子邮件。
- 项目的许可证。

这些都可以用 cookiecutter 解决。其他事项，如以下内容，则是项目特有的，没有合适的方法将其模板化以适用于其他项目：

- 项目依赖的软件包。
- 项目提供的代码和测试，包括非 Python 扩展。

因为项目模板可能会在各种很难预测的情况下使用，所以通常希望省略这些内容。这样就不会让未使用的代码或依赖项污染新创建的项目。如果你计划创建一个模板，让许多人根据该模板创建自己的项目，就可以考虑提供可运行的示例代码，帮助用户验证他们的项目在创建后是否配置正确。

提示：最终，你可能会创建足够多的项目，以至于其中的一部分项目会具有相同类型的自定义或专业化需求。如果多个项目都展现出这些模式，而且你计划将来创建更多类似的项目，就可以考虑提取一个单独的、专门的项目模板。

一旦确定了所有要模板化的值，下一步就是创建配置文件。cookiecutter 会查找 cookiecutter.json 文件，该文件的键是动态变量名，其值是创建软件包时显示的默认值，如代码清单 10.1 所示。

代码清单 10.1　包含两个变量的小型 cookiecutter JSON 配置

```
{
    "variable_one": "green",  ←——— variable_one 的默认值为"green"
```

```
    "variable_two": "blue"          variable_two 的默认
}                                   值为"blue"
```

可以在整个项目模板中引用 variable_one 和 variable_two 变量，cookiecutter 将在创建项目时用默认值或用户指定值替换它们。

1. 提示用户输入

通过运行 cookiecutter 命令并向其传递项目模板目录的路径，便可以从项目模板创建项目。运行该命令时，cookiecutter 会提示你接受默认值或为 cookiecutter.json 文件中的键输入自定义值，如代码清单 10.2 所示。

代码清单 10.2　使用两个变量运行 cookiecutter 的输出示例

```
                                          变量名和默认值，
                                          并提供了替代值
$ cookiecutter python-project-template
variable_one [green]: red
variable_two [blue]:             可按 Enter 键
                                 接受默认值
```

对于以字符串为默认值的变量，可以输入任意替代值，以使用默认值以外的值。除字符串外，cookiecutter 还支持为给定变量配置值列表。与字符串变量不同，在运行 cookiecutter 命令时，列表变量会显示所有可用值，并默认选用第一个值；你必须选择其中一个选项，而不能输入任意值。当项目模板需要限制可用的选项，或者你想方便地从几个选项中选择时，这就非常有用。

延续前面的示例，代码清单 10.3 显示了如何为变量添加选项列表。

代码清单 10.3　为 cookiecutter 变量指定可能的选项列表

```
                                   使用字符串
                                   提供默认值
{
    "variable_one": "green",
```

```
    "variable_two": "blue",
    "variable_three": ["foo", "bar", "baz"]
}
```
使用列表来枚举
允许的选项

使用此配置运行 cookiecutter 命令，前两个变量的输出结果与之前相同，同时还额外显示第三个变量的所有选项，如代码清单 10.4 所示。

代码清单 10.4　使用混合变量类型运行 cookiecutter 的输出示例

```
$ cookiecutter python-project-template
variable_one [green]:
variable_two [blue]:
Select variable_three:
1 - foo
2 - bar
3 - baz
Choose from 1, 2, 3 [1]:
```
表示必须做
出选择

显示所有
可用选项

输入选项的索引，或
默认为第一个选项

字符串和列表变量选项为你提供了足够的功能来制作软件包动态部分的模板，但你还可以利用 cookiecutter 的一个更方便的功能。

2. 以先前的值为基础

很多时候，项目配置中的某个值会与另一个值相似，但并不完全相同。一个突出的例子是，发布软件包的名称通常与导入软件包的名称相似，但发布软件包的名称带连字符，而导入软件包的名称则去掉了连字符或用下划线代替。例如，一个发布软件包名称为 flask-tools 的软件包，其导入名称可能是 flasktools 或 flask_tools。

当需要为两个相似的值(如软件包名称)创建模板时，可以问自己以下问题。

- 这两个值中是否某一个比另一个更"规范"？也就是说，一个是否感觉像是另一个的派生？
- 如果是这样，是否可以通过编程将规范值转换为另一个值？

如果这两个问题的答案都是肯定的，那么可以考虑只提示规范值，而自动生成另一个值。cookiecutter 模板系统使用 Jinja2 (https://palletsprojects.com/p/jinja/)来注入动态内容，Jinja2 可以让你在生成这些内容时使用 Python 表达式；稍后会有更多介绍。你可以在一个变量的值中使用 Python 表达式来计算一个基于先前变量的值。

警告：注意，由于 cookiecutter 会按照 cookiecutter.json 文件中变量的顺序提示用户输入变量值，因此任何依赖于另一个变量的变量都必须排在它们所依赖的变量之后。

例如，你可以提示用户提供发布软件包名称，然后使用提供的值生成有效的导入软件包名称选项。代码清单 10.5 显示了如何使用 Python 的 str.replace 函数，用空字符串或下划线字符替换用户提供的发布软件包名称中的每个连字符，并将其作为导入软件包名称的选项。

代码清单 10.5　从另一个变量值生成 cookiecutter 变量值

对于有效的导入软件包名称，删除连字符　　　　　　　Python 发布软件包的
　　　　　　　　　　　　　　　　　　　　　　　　名称通常包含连字符

```
{
    "distribution_package_name": "my-python-package",
    "import_package_name": [
        "{{ cookiecutter.distribution_package_name
.lower().replace("-", "") }}",
        "{{ cookiecutter.distribution_package_name
.lower().replace("-", "_") }}"
    ]
}
```

用下画线代替连字符，以获得
有效的导入软件包名称

使用此配置运行 cookiecutter 命令，输出结果如代码清单 10.6 所示。

代码清单 10.6　带因变量的 cookiecutter 配置的输出

```
$ cookiecutter python-project-template
distribution_package_name [my-python-package]:
Select import_package_name:
1 - mypythonpackage
```

这里选择的
值用于生成
后面的值

这些值由第一
个变量生成

```
2 - my_python_package
Choose from 1, 2 [1]:
```

现在你已经拥有了将软件包副本转化为Python软件包项目模板所需的所有配置工具。下一步是创建cookiecutter配置并更新软件包内容以引用配置的变量，不过，在开始创建模板之前，你需要更深入地了解变量的处理流程和Jinja2的语法。

10.1.2 从现有项目中提取cookiecutter模板

Jinja2要么在渲染环境(rendering context)中运行，要么基于一组可用变量展开工作，这些变量包含可注入的内容值。cookiecutter工具会在上下文中添加cookiecutter变量，而cookiecutter变量的属性又与cookiecutter.json文件中配置的变量相对应。Jinja2通过将输入解析为字符串，然后进行识别并基于以下两种特殊表达式类型进行操作来渲染输出。

- 占位符表达式用双大括号({{ ... }})括起来，包含对上下文变量的引用。占位符表达式可以使用Python字符串操作来进一步处理上下文变量值；前面根据发布软件包名称为导入软件包名称提供转换选项就是这样一个例子。
- 块表达式采用大括号和百分号({% ... %})括起来。块表达式可以有条件地呈现内容，或者根据上下文中的不同值重复呈现一段内容。

例如，可以使用代码清单10.7所示的语法，根据上下文变量值呈现两种不同内容中的一种。

代码清单10.7 使用条件块表达式的Jinja2控制流

```
{% if variable_one == "green" %}
It's green!
{% else %}
It isn't green.
{% endif %}
```

如果项目模板能根据配置选项之一，在文件中呈现两种不同的内容之一，那么上下文变量值就非常有用。

Jinja2 对表达式进行解析并渲染完内容后，cookiecutter 会创建一个包含渲染内容的输出项目。图10.2展示了你先前看到的流程，并提供了关于 cookiecutter 和 Jinja2 的更多细节。

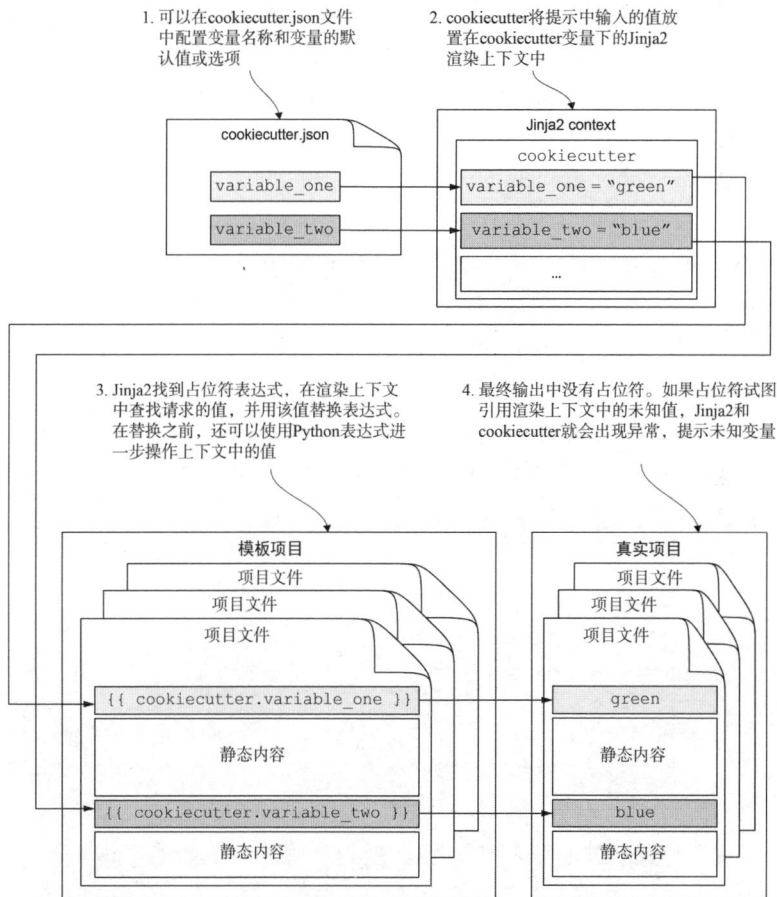

图 10.2　Jinja2 将动态上下文中的值渲染为静态内容中的占位符表达式

cookiecutter 模板设置的另一个强大之处在于，它还可以使用文件和目录的名称进行模板化。由于软件包的目录名也是动态的，而且对软件包的正常运行至关重要，因此也需要对这些目录名进行模板化处理。

重要的是，cookiecutter 希望项目模板的根目录是输出项目模板的包装器。换句话说，模板项目必须包含一个目录，这个目录将成为输出项目的根目录。与 first-python-package 项目一样，输出目录通常与发布软件包的名称相同。你可以通过以下步骤实现这一点。

(1) 为模板项目新建一个名为 python-project-template/的目录，与原始软件包项目并列。

(2) 在 python-project-template/目录中添加一个空的 cookiecutter.json 文件，稍后对其进行配置。

(3) 将 first-python-package/目录复制到 python-project-template/目录中。

(4) 将 first-python-package/目录重命名为{{cookiecutter.package_distribution_name}}/，使用 Jinja2 占位符语法来引用软件包的发布软件包名称。

代码清单 10.8 显示了项目模板的目录结构。

代码清单 10.8　项目模板树

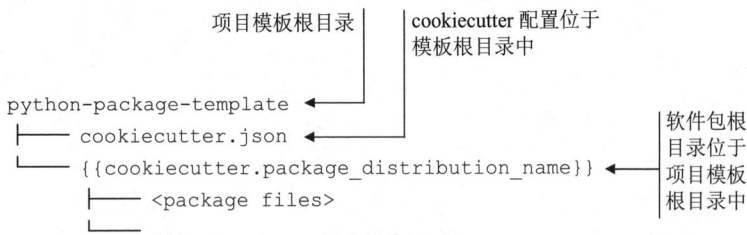

现在你已经掌握了将软件包转换为项目模板所需的知识。

练习 10.1

将项目的其余部分制作成模板。你需要配置 cookiecutter.json 文件，以提示用户输入以下内容。

(1) package_distribution_name。

(2) package_import_name，根据 package_distribution_name 的值生成带下画线和不带下画线的选项。

(3) package_description，在描述中使用 package_distribution_name 的值。

(4) package_license，使用 OSI 批准的分类器列表(https://pypi.org/classifiers/)中的名称，建议使用开放源代码许可证子集。

(5) package_author_name。

(6) package_author_email。

配置好 cookiecutter 以提示输入这些值后，还需要将项目中所有硬编码的引用替换为占位符，以便实现动态呈现。

- src/目录内的导入软件包目录需要通过 cookiecutter 变量动态确定。基于 package_import_name 变量对其重命名。
- 将下列文件中的引用替换为相应的占位变量：
  - setup.cfg
  - README.md
  - docs/index.rst
  - docs/conf.py

然后，使用条件块表达式更改 LICENSE 文件的内容，为所选 package_license 提供适当的许可证内容。最后，删除项目模板中可能不需要的内容：

- setup.cfg 中的[options.entry_points]部分；
- setup.cfg 中的 install_requires 选项；
- src/和 test/目录中除__init.py__以外的模块；
- setup.py 和 pyproject.toml 中的 Cython 机器。

可以定期使用项目模板运行 cookiecutter 命令来生成项目并检查工作。

cookiecutter 从模板中生成一个符合要求的项目后，就可以将该模板提交到版本控制系统，并在将来继续使用它来创建新项目。

10.2 使用命名空间软件包

本书中创建的软件包是一个小型的、独立的功能包。当一个项目发展到足够大的规模时，即使其所有功能仍有广泛的关联性，将其全部保留在单个软件包中也显得没有意义。例如，Django(https://www.djangoproject. com/)或 Flask(https://flask.palletsprojects.com/en/2.0.x/)这样基于插件的大型框架。这些项目的核心职责是提供创建 Web 服务器应用程序的工具，但也能做更多的事情。

另外，你可能会在组织内部进行打包工作，并希望将组织的所有软件包与第三方软件包明确区分开来。这样做的好处是，可以维护独立的小型软件包，这些软件包共享一个共同的顶级导入名称，这样团队就能确定他们使用的是组织代码。这种模式在 Java 应用程序中非常常见(参见"Naming a Package"，The *Java Tutorials*，http://mng.bz/N5md)，但在 Python 中不那么常见，直到组织广泛采用 Python 和打包后，一切又才变得不同。

通常，软件包应该有一个明确的规则。严格遵守这一规则会得到一些相应的结果；你可以想象，为了完成一个简单的任务，可能需要安装数百甚至数千个软件包，所有软件包都有自己的发布名称和导入名称，这在 JavaScript 的 NPM 生态系统(https://www.npmjs.com/)中就遵循了这一规则。我们不想把所有的功能都塞进一个大软件包里，因为这样会失去明确的目标；但我们也不想把这些功能拆分得过于零碎，以至于人们记不住从哪里获取需要的东西。

为此，PEP 420(https://www.python.org/dev/peps/pep-0420/)定义了隐式命名空间软件包的规范，不仅可以保持从通用命名空间导入功能的便利性，还能够实现细粒度的功能划分。命名空间软件包支持将一个发布软件包划分成多个小的发布软件包，同时又将它们放在一个命名空间中(见图 10.3)。

1. 当软件包过大时，将其划分成多个软件包可能是合理的。原始发布软件包中的每个嵌套导入软件包都可能成为一个独立的发布软件包

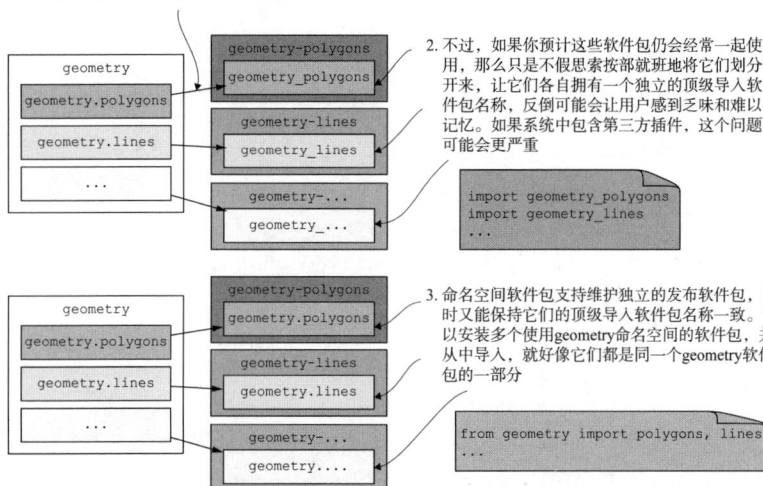

geometry
- geometry.polygons
- geometry.lines
- ...

geometry-polygons
- geometry_polygons

geometry-lines
- geometry_lines

geometry-...
- geometry_...

2. 不过，如果你预计这些软件包仍会经常一起使用，那么只是不假思索按部就班地将它们划分开来，让它们各自拥有一个独立的顶级导入软件包名称，反倒可能会让用户感到乏味和难以记忆。如果系统中包含第三方插件，这个问题可能会更严重

```
import geometry_polygons
import geometry_lines
...
```

geometry
- geometry.polygons
- geometry.lines
- ...

geometry-polygons
- geometry.polygons

geometry-lines
- geometry.lines

geometry-...
- geometry....

3. 命名空间软件包支持维护独立的发布软件包，同时又能保持它们的顶级导入软件包名称一致。可以安装多个使用 geometry 命名空间的软件包，并从中导入，就好像它们都是同一个 geometry 软件包的一部分

```
from geometry import polygons, lines
...
```

图 10.3　命名空间软件包将现有的发布软件包分解为多个发布软件包，
同时保持单一的顶级命名空间

　　命名空间软件包与常规软件包有一个关键的区别，即命名空间提供了一个包含一个或多个常规软件包的目录，但这个目录本身并不是一个软件包。也就是说，如果一个目录包含 Python 软件包，但没有包含它自己的 __init__.py 模块，那么它就是一个命名空间软件包。通过这种机制，不同位置的多个目录可以共享一个名称，但包含不同的软件包。这些目录共享的名称就是命名空间，这些目录包含的软件包都可以在该命名空间下导入。

　　命名空间软件包也可以嵌套使用，但命名空间软件包和常规软件包的结构必须与不同目录的结构相匹配才能正常工作。如果一个目录在另一个目录结构中是命名空间软件包，而在另一个目录结构中是常规软件包，那么 Python 将倾向于将其认定为常规软件包，而命名空间软件包的机制将不起作用。例如，在代码清单 10.9 的目录结构中，既可以导入 geometry.lines，也可以导入 geometry.polygons。

代码清单 10.9　包含单一命名空间软件包的目录结构

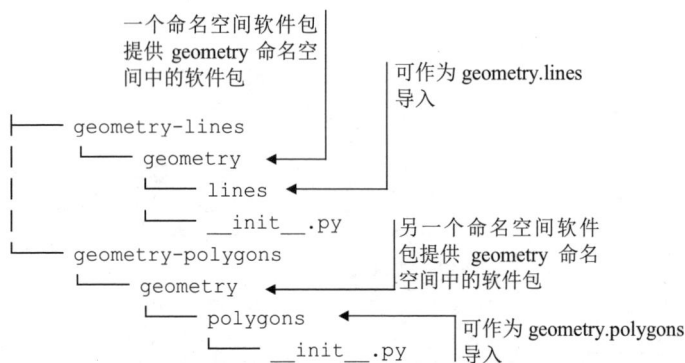

```
                 一个命名空间软件包
                 提供 geometry 命名空
                 间中的软件包                    可作为 geometry.lines
                                                 导入
    ├── geometry-lines
    │      └── geometry
    │             └── lines
    │                    └── __init__.py       另一个命名空间软件
    └── geometry-polygons                      包提供 geometry 命名
           └── geometry                        空间中的软件包
                  └── polygons ◄
                         └── __init__.py       可作为 geometry.polygons
                                               导入
```

另一方面，如果将 geometry-lines/geometry/ 目录设为常规软件
包，如代码清单 10.10 所示，则仍可导入 geometry.lines 及其包含的
软件包，但不能再导入 geometry.polygons。

代码清单 10.10　常规软件包优先于命名空间软件包

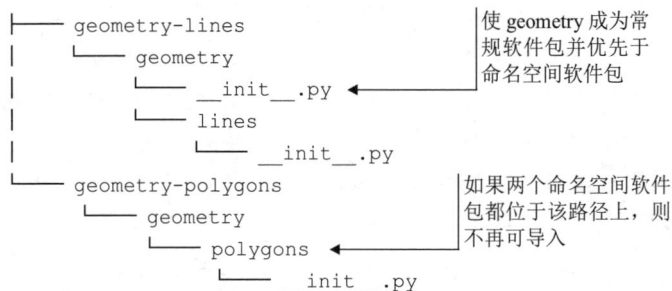

```
    ├── geometry-lines                         使 geometry 成为常
    │      └── geometry                        规软件包并优先于
    │             └── __init__.py ◄            命名空间软件包
    │             └── lines
    │                    └── __init__.py
    └── geometry-polygons                      如果两个命名空间软件
           └── geometry                        包都位于该路径上，则
                  └── polygons ◄               不再可导入
                         └── __init__.py
```

当你尝试导入一个软件包时，Python 会通过检查路径是否匹配
来解析所请求的导入。Python 的解析算法会优先选择常规软件包，
这是因为命名空间软件包可能会涉及额外的嵌套，导致查找命名空
间软件包需要花费更多精力。当系统路径上存在一个常规软件包和一
个与之相匹配的命名空间软件包时，Python 会优先使用常规软件包。

到此，已经讲解了命名空间软件包的机制，接下来进行一些相应的练习。

将现有软件包转换为命名空间软件包

若要将提供常规软件包的现有发布软件包转换为提供命名空间软件包的发布软件包，需要执行以下两个操作。

- 更新命名空间的目录结构：
  - 如果常规软件包当前的名称与命名空间相同，则应从 src/<package>/目录中删除__init__.py 模块，使其成为命名空间软件包。
  - 如果常规软件包是一个应位于命名空间内的软件包，则应创建一个空的 src/<namespace>/ 目录，并将 src/<package>/目录移入其中。
- 更新 setup.cfg 文件中的[options]部分：
  - 将 packages 键从 find:改为 find_namespace:；
  - 添加 namespace_packages 键，其值等于新命名空间的名称。

通过这两项更改，就可以将软件包从一个"独占"其原始命名空间的软件包转变为一个可与其他提供相同命名空间软件包的发布软件包互操作的软件包。

提示：利用在本书中学到的设置，通常可以使用 find_namespace: 代替 find:，而不会影响任何功能。即使发布软件包没有提供任何命名空间软件包，也可以在项目模板中将其作为默认设置。

练习 10.2

使用本章前面创建的项目模板，创建两个新软件包。创建完后，将它们设置为在同一命名空间下提供的软件包。然后，将它们都安装到虚拟环境中，并检查是否可以使用单个命名空间导入它们的代码。

现在，你已经有办法创建许多遵循标准的软件包，也有办法创建许多使用单一命名空间就能协同工作的软件包，你可能还想知道如何在私有环境中发布所有这些新的软件包，以便团队能在组织内部安装它们。

10.3　在组织内扩展软件包

共享代码并不是唯一方法，组织会根据实际情况以多种方式解决跨项目代码重用的问题。有些组织，如 Google，最终会将所有代码放在一个具有复杂构建系统的单一仓库中。另一些组织则将每个项目模块化地保存在自己的仓库中，并采用自己的构建流程。如果你认为解耦交付行为是项目的首要任务，就应该考虑创建一个私有的打包生态系统，这样的生态系统可以模仿 Python 软件包索引(PyPI)等平台的工作方式，并应用人们熟知的工具和方法。

私有软件包仓库服务器

回想一下，PyPI 是一个软件包仓库，它的主要工作是存储和服务发布软件包。人们可以向它发布软件包，同时也能从中下载并安装软件包。这一功能看似基本，但正如第 1 章所述，它是安装依赖项时选择加入更新模型的核心，正是它使得打包变得如此有价值。即使你因为正在开发专有软件或你的组织对外部访问存在限制而无法使用 PyPI，也可以考虑在组织内部运行一个私有软件包仓库。

因为 PyPI 与 pip 都遵守关于软件包在索引中提供路径的特定协议，所以它们可以协同工作。你选择的任何私有软件包仓库都应遵守同样的协议，以确保它也能与 pip 兼容。pypiserver 软件包(https://github.com/pypiserver/pypiserver)为运行兼容 PyPI 的软件包索引服务器提供了一个即插即用的开源解决方案。如果你需要其他类型的软件包仓库，如 JavaScript、Docker、Ruby 等，可以考虑使用 Artifactory(https://jfrog.com/artifactory/)这样的解决方案来运行多语言软件包索引。

提示：还可以专门查找能自动从 PyPI 抓取从未被请求过的软件包的解决方案，然后将它们缓存起来。这可以加快下载速度，而且在 PyPI 服务器不可用的情况下，也能提供一定的恢复能力。Pypiserver 和 Artifactory 都支持此功能。

设置和运行私有软件包仓库服务器不在本书的讨论范围之内，但本节中涉及的解决方案都提供了关于配置和托管的文档，可以帮助你完成这项工作。假设你有这样一个服务器，接下来就需要知道如何让打包工具与之对话。

配置 twine 和 pip 以使用私有仓库

使用 GitHub Actions 前，先用 twine(https://twine.readthedocs.io)发布软件包。GitHub Actions 无法将软件包发布到私有软件包仓库，除非你特别配置它允许通过网络访问服务器。如果此举受到限制，则可以使用 twine 来手动发布软件包。默认情况下，当要求 PyPI 安装软件包时，twine 和 pip 会与 PyPI 通信。这两个工具都接受配置，以便与你选择的服务器通信。可以参考配置 twine(http://mng.bz/DDZV)和 pip(http://mng.bz/lRJo)的各种方法，但我个人建议务必在项目中明确说明项目是从私有服务器发布软件包的，还是从私有服务器安装软件包的。

要使用 twine 将软件包发布到另一个仓库服务器，可以在setup.cfg 文件中创建一个新的 publish tox 环境，该环境的作用如下：

(1) 安装 build 软件包以构建软件包。

(2) 安装 twine 软件包，将构建好的软件包上传到仓库服务器。

(3) 允许使用外部 rm 命令，以便在构建和上传软件包前清理dist/目录。

(4) 运行清理、构建和发布软件包的命令。

可以为 twine upload 命令传递一个--repository 标志，其中包含仓库服务器的 Python 软件包仓库上传端点的 URL，如果服务器需要身份验证，还可以传递--username 标志和--password 标志。代码清单 10.11 展示的是一个使用 Artifactory 进行此设置的示例。

代码清单 10.11　通过 twine 添加备用软件包仓库 URL

```
[testenv:publish]
skip_install = True
deps =
    build
    twine        ◄——————  安装用于发布软件
                          包的 twine
whitelist_externals =
    rm           ◄——————————————————  允许使用外部 rm 命令
commands =
    rm -rf dist/  ◄————————
    pyproject-build .       在继续之前清理任
                            何已构建的软件包
    twine upload \
        --username="" \
        --password="" \
        --repository-url=
➥ https:/ /artifactory.mycompany.org/artifactory/
➥ api/pypi/pypi \   ◄——————  将软件包上传到备
        dist/*               用仓库服务器
```
构建软件包

　　有了 publish tox 环境，便可以在自己的机器上手动发布软件包，或者在 Jenkins(https://www.jenkins.io/)或 GitLab CI/CD(https://docs.gitlab.com/ee/ci/)等自托管解决方案上创建一个持续集成工作流，当在代码仓库上创建标签时，自动运行该环境。

　　将软件包发布到备用仓库服务器后，需要告诉 pip 如何从同一服务器检索软件包。如果要在使用 requirements.txt 文件的 Python 运行时(runtime)应用程序中安装软件包，可以将带有仓库服务器的 Python 软件包仓库下载端点的--index url 标志添加到 pip install 命令或 requirements.txt 文件本身。假设，你在私有软件包仓库中发布了一个名为 my-private-package 的私有软件包，那么在正在开发的项目中安装它和 Django 时，就需要进行相应配置。代码清单 10.12 显示了一个 requirements.txt 文件示例，该文件将指导 pip 在私有软件包仓库中查找 my-private-package。仓库服务器可能已经有了 Django 的副本，也可能需要先从 PyPI 获取。这取决于你所选择的私有仓库解决方案的实现和配置细节。

代码清单 10.12　通过 pip 添加替代软件包仓库的 URL

```
# requirements.txt

--index-url https:/ /artifactory.mycompany.org/artifactory/
api/pypi/pypi/simple
```
　　　　　　　　　　　　　　　　　pip 在此查找 PyPI 的替代软件包

```
my-private-package==2.5.1
Django==3.2.12
```
　　　　　　　　　　　　　　　　解析是因为你将其发
　　　　　　　　　　　　　　　　布到了私有服务器上

　　　　　　　　　　　　　要么在私有服务器上解
　　　　　　　　　　　　　析，要么从 PyPI 获取

将这些 URL 明确写入项目源代码中，就能确保那些检查代码库并在代码库中工作的开发人员从预期的软件包仓库服务器发布和获取软件包。如果使用项目之外的配置方法，就寄希望于开发人员能正确地通过配置 twine 和 pip 等工具，来使用正确的软件包仓库服务器。

到此，你已理解了如何推广软件包的使用，即使是面对限制使用更广泛的开源软件包生态系统的组织，你也能应对自如。你可以使用 cookiecutter 项目模板创建新软件包，并创建一组命名空间软件包，这样人们就可以使用一致的前缀导入安装更细粒度的软件包，而这一切都可以在组织内部的自托管服务器上完成。一切似乎都已准备就绪，接下来便是大显身手了！不过，千万不要错过第 11 章，它将让你的开源项目之路更为顺畅。

10.4　小结

- 不要只关注单个项目的自动化。当涉及模块化软件生态系统时，不妨考虑一下如何使用项目模板来自动创建项目本身。

- 使用项目模板不仅能方便他人使用该系统,而且还可以不断更新模板,确保每个新项目都采用最新标准。
- 特定项目中的某些内容并不适用于所有项目,因此需要随着时间的推移不断完善项目模板,以最大化生产力。
- 软件包可能会变得过于庞大,但命名空间过多也会造成混乱。在应用命名空间软件包时,需要找到一个平衡点。
- 本书中提到的每个公共解决方案,都有一个私有或自托管的对应方案,这些方案都可以被应用于组织中,以建立一个专有的打包生态系统。

第 *11* 章

建设社区

本章涵盖如下内容：
- 创建一个能将用户转变为维护者的"漏斗"
- 为项目添加行为准则
- 向用户传达项目状态
- 使用模板和标签简化 GitHub 问题管理

　　假设，你刚刚创建了另一个极具价值的软件包，并迫不及待地想与全世界分享。你在 GitHub 上公开了仓库，并向所有可能感兴趣的人发送了大量推文和电子邮件。然而，你期待的热烈反响并未如期而至。虽然你完成了项目的实施，到达了一个里程碑，但事实证明，这显然不是最终的里程碑。如果你希望人们使用你的作品，尤其希望他们为之贡献新功能、修复错误或完善文档，就需要为项目提供明确的指导和愿景，让每个人都能朝着同一个方向前进。这很像打造一款产品。

多年来，我发布过几个不同的开源项目，因此可以负责任地告诉你，其中最成功的项目都有几个共同点。虽然偶尔有些作品可能会纯粹出于兴趣或意外而流行起来，但你可以采取一些措施，让项目更有可能成功。无论你是热衷于将自己的作品分享给他人，让他们从中受益，还是建立一个作品集来赢得声誉，或者两者兼而有之，建立一个社区都很重要。如果你希望你的项目能在同事或客户的有限受众之外发展壮大，如果你希望你的项目能长期存在，而不需要经常人为干预，那么一定不要错过本章的内容。

11.1　README 需要提出价值主张

README 通常是项目的门面。无论用户是在 Python 软件包索引、GitHub 还是 Google 搜索中找到你的项目，README 都是他们首先接触到的内容。许多项目并没有充分利用这一点，从而错失了吸引用户尝试项目的宝贵机会。

如今，网上的项目数不胜数，用浩如烟海来形容也都不为过。你应该思考为什么别人会选择使用你的项目，尤其是与竞争对手相比时。如果你的项目十分新颖，就大胆地说出来。就像生活中的大多数其他领域一样，每个项目都在争抢用户的注意力。在别人转向下一个项目之前，你只有宝贵的几分钟来进行"电梯演讲"。许多成功的团队都将项目视为产品，并建立了一个可能包含多个项目的品牌。打造品牌是一门精致的手艺，需要长期研究与用户之间的情感联系(详见 Kevin L. Keller，"Brand Synthesis: The Multidimensionality of Brand Knowledge，*Journal of Consumer Research*，https://www.jstor.org/stable/10.1086/346254)。应在 README 中介绍一下自己和团队的情况，并说明项目背后的动机，这样人们才会觉得他们可以与你互动，而不仅仅是使用软件。

视觉辅助手段对吸引眼球有很大帮助，毕竟"一图胜千言"，所以一定要仔细考虑你能展示什么，而不是仅仅讲述什么。在功能展示方面，rich 软件包(https://github.com/Textualize/rich)就做得不错，它不但极佳地展示了功能，吸引人们继续阅读，以及解如何使用它构建漂亮的命令行界面，还使用了内容丰富的 README 来介绍它支持的几个用例。这样一来，潜在用户很快就能对它有一个全面的了解。需要注意的是，这并不是用来作为或代替正式文档的；它的明确目的是让人们尝试使用 rich，而完整的文档自在别处。最后，README 结尾通常是提供一些社会证明，以表明其他人已经成为该项目的忠实用户(关于社会证明的更多信息，请参阅 Robert B. Cialdini 撰写的 *Influence：Science and Practice*[Allyn and Beacon，2000])。

　　许多对项目最有价值的贡献都来自参与度最高的用户，而且一个人的贡献越多，他将来再次贡献的可能性就越大。要想最大限度地扩宽人们再次为项目做出贡献的"漏斗"，就需要最大限度地增加经常使用项目的人数。你可以预期，"漏斗"每往下一层都会下降一个数量级。

　　让 README 尽可能吸引人，这样就能确保尽可能减少潜在用户的流失，将他们转化为实际用户(见图 11.1)。

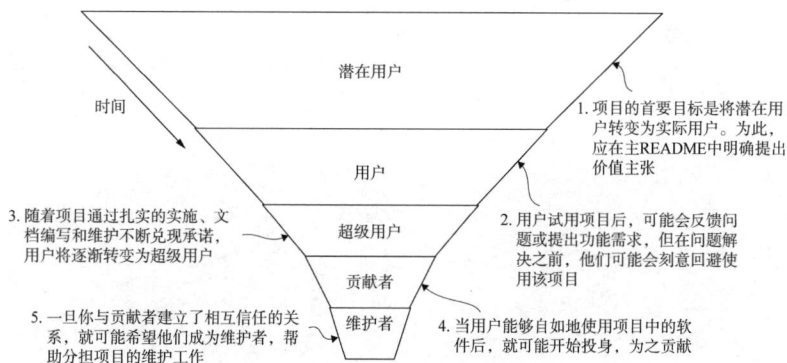

图 11.1　随着时间的推移，项目社区会经历一个漏斗期。漏斗的每一层都比上一层小得多，通常是小一个数量级

　　在你分享最新成果时，这种心智模型显得尤为重要，因为它可以帮助你确定哪些人对项目最感兴趣，哪些人能帮助你宣传，并使

用你的解决方案来解决他们的实际问题。例如，CarCorp 的人可能对你的最新软件包很感兴趣，但他们可能没兴趣向别人展示它在航空旅行行业中的应用价值。通过识别来访用户的类型，你可以更好地对他们的动机和期望结果进行分层，并对那些对项目有实际意义的用户进行优化。当用户介入项目时，用户漏斗的每个层次都有不同的需求，因此他们需要相应的文档来支持这些需求。

11.2　为不同用户类型提供支持文档

第 8 章曾提及文档支持多种形式的用户活动：
- 学习如何使用项目；
- 完成特定任务；
- 查找语法细节和其他参考资料；
- 了解项目的历史和方向。

前 3 类文档可为项目的早期用户提供最佳支持。由于用户漏斗中有很大一部分人需要这些类型的文档，因此不要吝啬于创建它们。请务必创建操作指南、教程和自动代码参考文档，以尽可能覆盖更多基础知识。尤其是在项目初期，将大部分精力投入这里将产生最大的影响。

GitHub 贡献指南

GitHub 提供了一项功能，可在新用户点开问题时向他们展示贡献指南。你可以将贡献指南放在项目中 .github/ 目录下名为 CONTRIBUTING.md 的文件中，从而充分利用这一功能。

如果你按照第 8 章学到的方法提供项目的大部分文档，那么最好让 CONTRIBUTING.md 的内容保持简洁，并提供指向主文档的链接。这样，用户在点开问题时就会收到阅读文档的提示，被引导到主文档，而不是在多个地方维护相同的信息。

随着项目的成熟，超级用户、贡献者和维护者将受益于第 4 种类型的文档。他们希望得到指导，以了解是否应该考虑在项目中添加某些功能，以及用户需要什么样的体验。他们还需要更多地了解导致项目现状的决策，这样才能以一致的方式支持和发展系统设计。

假设有个人喜欢你的项目，并在发现一个错误后想要贡献代码。他前往你项目的代码库，看到了关于如何使用软件的所有精彩文档，但在花了半小时查找关于开发软件的文档和花了一小时努力自行设置之后，他放弃了。遗憾的是，他可能会因为太沮丧而没有向你反馈这个问题，而你也不会意识到这需要改进。这样一来，你也就失去了一个宝贵的贡献者。

如果你不提供这种程度的指导，项目就很可能以意想不到的方式发展。当某个贡献者做出了与你的愿景不一致的改变，但愿景却没有记录在案时，你最终会为了让改变符合你的愿景而进行一场艰难且可能令人沮丧的对话。你可以通过尽可能提前提供愿景来减少在这些对话上花费的时间和精力。

项目的愿景和状态也可以被当作产品来对待，以帮助提升用户社区。这个项目的下一步目标是什么？项目的最终目标是什么？这个目标是已经实现、即将实现还是有待实现？在文档中回答这些问题将有助于合适的用户在正确的时间采取正确的行动，并能减少挫折感。

记录架构决策

一旦在项目中做出有关架构和系统设计的最广泛决策，记录决策以及决策上下文非常有价值。这样一来，当上下文在未来不可避免地发生变化时，就可以做出新的决策，而不需要从头开始重建整个上下文。架构决策记录(Architectural decision record，ADR)就是捕获此类信息的常用框架(参见 Michael Nygard 撰写的 "Documenting Architecture Decisions"，http://mng.bz/BZl2)。

我最近在几个项目中都用到了 ADR，我们的团队非常喜欢它。ADR 将代码质量的反馈与人为因素区分开来，同样，ADR 也可以提醒我们要为特定的原因付出额外的努力，而不必过多地重复推理。

有些工具，如 adr-tools(https://github.com/npryce/adr-tools)，可以

帮助自动完成创建、链接和随着时间推移不断发展架构决策的过程。

　　尽管你在前期已经尽可能地减轻了影响，但还是不可避免地会有人针对事情的现状无理取闹。他们甚至会做出一些不恰当的事，如果不加以解决，就很可能会对社区造成损害。你应制定行为准则，并包括明确的执行计划，以应对这种情况。

11.3　建立、提供和执行行为准则

　　The Zen of Python (https://peps.python.org/pep-0020/)认为"明示胜于暗示"。大量的项目并没有提供任何特定的行为准则，而且由于这些项目的开发平台有非常宽松的服务条款，因此用户可能会做出一些最终会破坏项目社区的行为。

　　试想一下，一个新用户善意地提出了一个新功能请求，但他并没有意识到这个功能在过去已经被多次请求，而且被拒绝过不止一次。你正准备友好地欢迎他并解释这个功能请求过去被拒绝的背景时，社区的另一位成员跳了出来，非常粗鲁地指责了这位新用户。这位用户可能一走了之，再也不会返回项目。最好的情况是，他们会谨慎地对待日后的功能请求。你向那位粗鲁回应的成员提供了私下反馈，但毕竟你已经看到他好几次这样做了，难免会担心这种情况还会继续发生。

　　这些情况总是会让人感到不悦，但不应该被放纵。行为准则有助于明确界定社区成员的预期行为和不可接受的行为，以及当成员的行为超出这些界限时会产生的后果。这些用户可能会面临暂时或永久的禁令，禁止他们继续参与项目。明确制定这些规则并将其在社区中公布于众，可以确保项目维护者的执行权力。

　　行为准则的一个很好的起点是贡献者盟约(Contributor Covenant) (https://www.contributor-covenant.org/)，一些大型技术公司的开源项目都遵循了该盟约。贡献者盟约不仅提供了一个可供众人在其基础上调整并应用于各自项目的行为准则模板，还概述了针对不当行为的强制执行升级政策。像 Vue(https://github.com/vuejs/vue)这样的大型项目都在使用贡献者盟约作为其行为准则。

虽然讨论之声延绵不绝，甚至会产生负面影响，但行为准则确实可以保护维护者和社区免受那些可能危害项目社区的行为的影响。在项目仓库根目录下名为CODE_OF_CONDUCT.md的文件中添加行为准则的文本，便会在 GitHub 界面的某些地方显示一个链接，例如，当新用户要点开一个问题时(见图 11.2)。

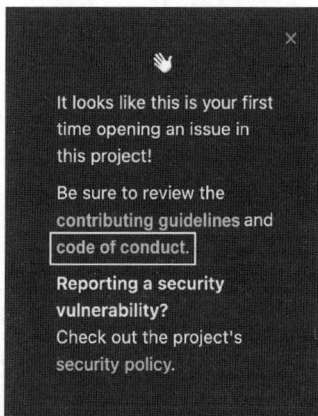

图 11.2 当新用户点开问题时，GitHub 会显示行为准则的链接

可参考一些大型项目的行为准则，如 Django(https://www.djangoproject.com/conduct/)或 Python(https://www.python.org/psf/conduct/)，从中汲取灵感。虽然它们的执行过程可能比你当前能处理的要复杂得多，但这些准则很可能涵盖了他们在实际运营中遇到的各种案例。通过提前了解这些案例，你可以未雨绸缪。请坚持使用免费和开源软件的行为准则——最好是来自非营利组织的，因为它们比营利项目更有可能拥有健全的准则。

接下来，你就要通过文档创建欢迎空间和支持用户需求了，还要采取一些额外的措施来促进有效的贡献。

11.4   传达项目的路线图、状态和更改

你已经在文档中介绍了项目愿景，这个愿景应该保持常新，以支持持续的设计和决策。如果要了解项目在任何时间点上是如何与愿景保持一致的，那么制定路线图和跟踪路线图上各项活动的状态会非常有帮助。

11.4.1   使用 GitHub 项目进行看板管理

如果你以前没有在敏捷软件开发环境中工作过，就可能没有听说过看板。看板是一种精益的工作跟踪方法，最初是为了丰田生产流程中的库存管理而开发的(参见 Taiichi Ohno 撰写的 *Toyota Production Systemm: Beyond Large-Scale Production*，Productivity Press，1988)。后来，看板被改编成软件，用于跟踪团队内的工作队列。如今的看板产品提供以下属性的可视化。

- 特定任务的状态。对于简单项目，常见的状态包括 to do(待办)、in progress(进行中)和 done(已完成)。
- 待完成工作的类别(有时称为泳道)。
- 谁在处理哪些任务。

随着项目的进展，这些属性的可视化可以提供以下信号：

- 缺乏重点(同一时间有太多工作在进行中)。
- 工作错位(低优先级工作先于高优先级工作完成)。
- 挑战(任务长期处于进展中)。
- 常见的瓶颈和阻碍因素。

随着用户对新发行版本的期待越来越高，这些信号也变得越来越重要。GitHub 在 GitHub 问题(https://github.com/features/issues)之上提供了一个项目功能，为问题管理提供了看板式的工作流。你可以将用户故事卡描述、问题、拉取请求和一些轻量级自动化功能结合起来，为项目建立一个丰富的跟踪和报告系统(见图 11.3)。

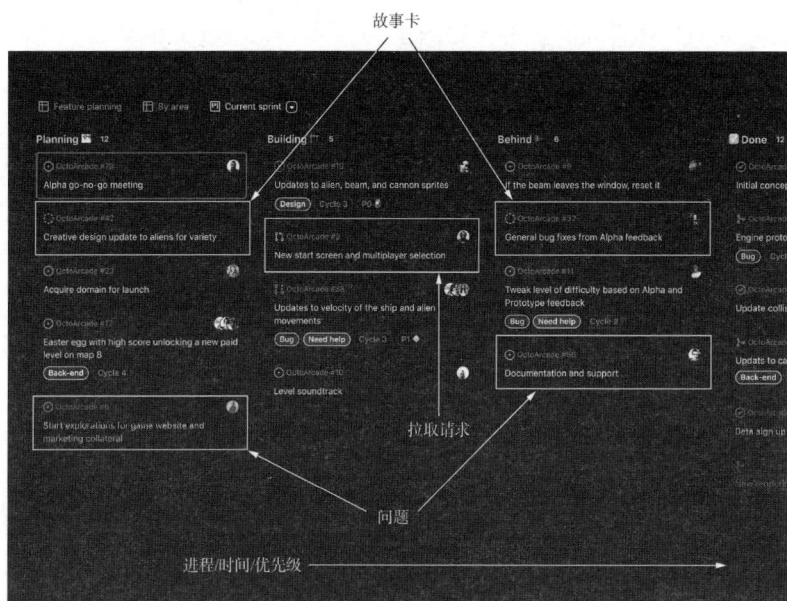

图 11.3　GitHub 问题

11.4.2　使用 GitHub 标签跟踪单个任务的状态

虽然 GitHub 问题中的看板功能对整个项目的高层进展很有用，但项目中的每个任务也都会经历一个生命周期。由于维护者和贡献者通常都是通过相关的拉取请求来查看这些任务的，因此 GitHub 标签是一种显示拉取请求状态的既有用又直观的方式。GitHub 自带一组默认标签，但你也可以在仓库的标签页(https://github.com/<owner>/<repo>/labels)上创建自定义标签。甚至可以更改或添加 GitHub 组织的默认标签，以便创建的新仓库符合组织的特定需求。将<organization>替换为组织名称：https://github.com/organizations/<organization>/settings/repository-defaults。

你可能会认为拉取请求处于以下 3 种状态之一：open(打开)、merged (合并)或 closed(关闭)。然而，对于关键代码区域的更改或需要更仔细审查和多次迭代开发的较大更改来说，open 状态实际上可以细分为几种不同的状态，如图 11.4 所示。

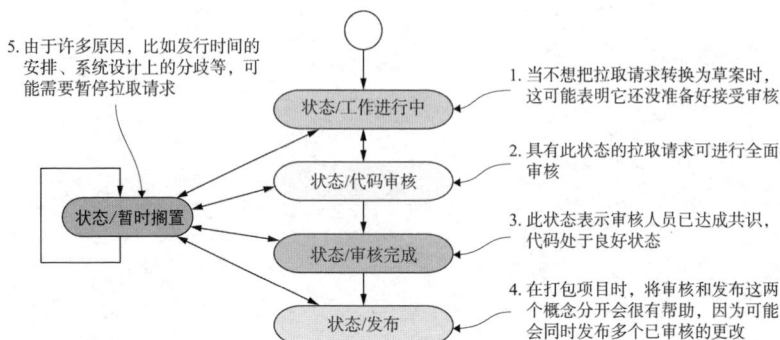

图 11.4　项目中的拉取请求可能会经过多种不同的状态，可以将其视为
　　　　一个状态机

(1) In progress(进行中)——代码已基本完成，但仍处于开发阶段。审核人员可能会查看它，代码也可能会更改。

(2) In review(审核中)——应按照项目要求的所有常规审查方式对代码进行审阅。任何需要查看代码更改区域的特定审核人员都应参与审查。

(3) Reviewed(已审核)——代码更改被认为适合发布，但可能尚未准备好实际发布。

(4) Ready to be released(准备发布)——代码应包含在下一个合适的发行版本中。

(5) On hold(暂时搁置)——无论代码处于何种状态，目前都不能进行其他活动。维护者可能需要时间考虑，或者贡献者可能不活跃，或者是由于其他原因。

这些只是一些可能的状态。在你的项目中，拉取请求可能会经历更多或不同的状态，而且随着维护者和贡献者对更改的协作，它们可能会在某些状态之间来回转换(见图 11.4)。

一个定义明确的状态标签系统对所有人都有帮助，不管是新手还是项目经验丰富的老手，都能快速了解拉取请求在其生命周期中的位置。它还能帮助拉取请求更高效地穿越这些状态，因为人们可以更容易地判断某个拉取请求是否需要他们的关注。

另一个能让人们从快速浏览中受益的地方是查看过去发生了哪些更改。为此，可以查看简洁的更新日志。

11.4.3　在日志中跟踪高级别的更改

对于定期发布软件包的项目，尤其是带有发行版本发布的打包项目，人们最想知道的是新版本中包含了哪些更改。对于主要发行版本，这一点尤为重要，因为用户可能需要在升级时对这些更改做出相应的调整，以保证自己的项目正常运行。

随着发布的版本越来越多，跟踪哪个发行版本中发生了哪些更改变得越来越困难，以至于事后再编写发行说明的收益越来越小。如果能尽早制定一个流程，在发生更改时就能对其进行跟踪，就能避免在深夜对自己的项目进行"考古溯源"。

Keep a Changelog (https://keepachangelog.com)就是一个很有用的系统。在这个系统中，你可以在仓库的根目录下创建一个通常被称为 CHANGELOG.md 的文件，该文件以一种严格的常规格式保存了关于你发行版本的高级注释。这种格式提供了以下内容：

- 发行版本。
- 以 YYYY-MM-DD 格式表示的发行确切日期。
- 一个或多个更改部分，可以是新增、更改、不匹配、删除、错误修复或安全修复。

保持日志更新还可以帮助记录已合并到项目中但尚未发行的更改，以便在发行时可以随时查阅。代码清单 11.1 展示的是一个更改日志示例。

代码清单 11.1　采用 Keep a Changelog 格式的更改日志示例

```
# Changelog

All notable changes to this project will be documented in this file.
```

```
The format is based on [Keep a Changelog](
➥ https:/ /keepachangelog.com/en/1.0.0/),
and this project adheres to [Semantic Versioning](
➥ https:/ /semver.org/spec/v2.0.0.html).

## [Unreleased]          ◄─────────────        下一发行版本的
### Added       ◄───────────                    功能列表
- Half-Life 3              │新增功能列表

## [2.7.1] - 2022-04-05      ◄─────────         带有确切发行日期的
### Fixed      ◄─────── 修复列表                 具体发行版本
- Stop mining Bitcoin in the emergency phone call feature

## [2.7.0] - 1914-08-15
### Added
- New colors for the Model T including Dark Black and Midnight
➥ Black
```

如果你习惯于撰写 README 和其他 Markdown 文件，那么 Keep
a Changelog 的语法和格式应该会让你倍感亲切。

我个人更新日志的方法

对于个人项目，我非常喜欢使用 Keep a Changelog。我倾向于在
合并功能时慢慢建立更新日志，到了发行时，再手动将最新的更新
日志内容复制到 GitHub 发行版本的正文中。

鉴于我已经向你充分展示了自动化的价值，你可能想要探索一
些自动化的解决方案。我曾在一个组织项目中愉快地使用过
Atlassian 的 changesets 项目(https://github.com/changesets/changesets)，
但要注意的是，它是针对 JavaScript 生态系统的。在 Python 生态系
统中，我听说 towncrier(https://github.com/twisted/towncrier)很不错。
这两种工具都能以类似的格式生成更新日志，只是在功能和表现形
式上略有不同。最重要的是选择一个你真正愿意使用的工具，因为
不完美的更新日志往往比没有更新日志要好。

虽然 Keep a Changelog 并不是一个自动化系统，但它是一种简洁的纯文本方法，能以 Markdown 格式呈现可读性强的注释，并提醒人们去更新。你可以在拉取请求代码清单中添加一项内容，提醒贡献者填写更新日志。

更新日志的一个难点在于如何把握记录的详细程度。重复单个更改的细节可能会让用户感到困惑，但只是笼统地说明"有些东西变了"也不行。应该根据更改的重要性来调整详细程度。例如，如果是重大更改，就应该说明迁移到新方式的步骤。此外，还可以为实现更改的拉取请求提供链接，以便用户根据需要深入了解，这种做法虽然烦琐，但却很有成效。

到目前为止，你已经做了很多有益于社区的功课，接下来的最后一部分更会让你受益匪浅。

11.5　使用问题模板收集信息

有些人在报告错误方面天赋异禀。无需任何提示，他们就会提供操作系统、软件版本、遇到错误前的预兆等所有细节。而其他人则只能提供一条简单的错误信息，无法提供更多的上下文信息，还有一些人可能只能报告一个错误，并遗憾地阐释道"我使用它的时候，它就坏了"。

你可以采取一些措施来确保项目社区能够自如地报告问题和提交拉取请求。否则，如果任由他们自行处理，那么所提交的上下文信息其类型和数量将形形色色、五花八门，缺乏一致性。这最终会让你倍感沮丧，因为你需要不断地沟通来收集更多细节。在 GitHub 上创建问题模板可以大大提高成功率。

GitHub 支持拉取请求模板，当贡献者开始创建拉取请求时，模板会弹出描述字段。你可以使用它来确保贡献者收到以下提示：

- 与更改相关的问题描述。
- 有关更改如何解决该问题的详细信息；

- 任何对审核人员有用的附加上下文信息。

图 11.5 显示了拉取请求模板的一个示例，以及在 GitHub 中的显示方式。

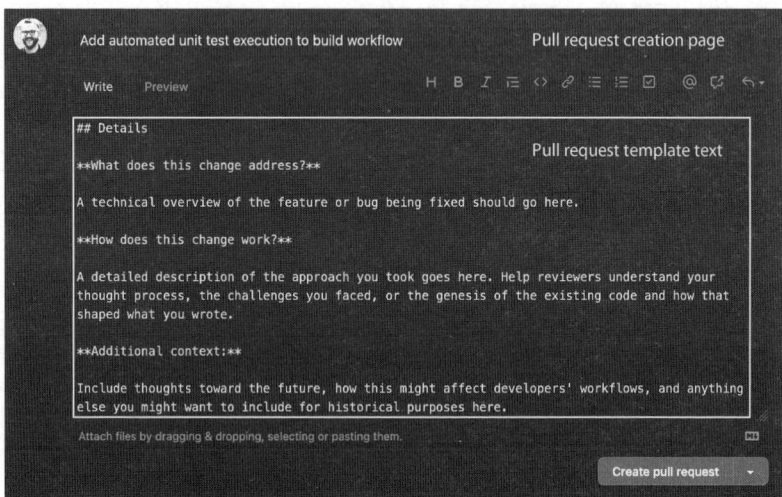

图 11.5　拉取请求模板有助于从贡献者那里提取有用的信息，从而促进
　　　　更有效的协作

要创建拉取请求模板，请在仓库的.github/目录中创建一个名为 PULL_REQUEST_TEMPLATE.md 的文件。将你希望默认出现在拉取请求描述中的内容添加为该文件的内容，然后提交。新的拉取请求将使用 PULL_REQUEST_TEMPLATE.md 文件内容作为拉取请求描述。

　　提示：可用<<>>等不常见的字符标明需要填写的特定值或部分，并保持简短，以便人们填写全部内容，而不是填写部分内容或用自己的话替换全部内容。

代码清单 11.2 列出的是我通常作为新项目起点所采用的拉取请求模板。它足够简短，但又足够全面，人们在使用时会倾向于完整填写所有信息，相比于没有提示的情况下，这样更方便理解更改。

代码清单 11.2　一个包含上下文信息的良好拉取请求描述

```
## Details ◀──────── 一个能方便快速
                      识别的可选标题

**What does this change address?**  ◀────── 提示作者描述意图

A technical overview of the feature or bug being fixed should go here.

**How does this change work?**  ◀────── 提示作者解释方法

A detailed description of the approach you took goes here.
Help reviewers understand your thought process, the challenges
you faced,
or the genesis of the existing code and how that shaped what
you wrote.

**Additional context:**  ◀────── 提示作者进行横向
                                  和纵向思考

Include thoughts toward the future, how this might affect developers'
workflows, and anything else you might want to include for
historical purposes here.
```

　　GitHub 还为报告错误、请求功能等提供了问题模板。通过问题，你甚至可以创建表单来限制和组织用户提供的信息。由于项目需求的独特性和问题模板的无限可能性，其内容已超出本书的讨论范围，但归根结底，这只是为每种你希望用户提交的问题类型添加和配置一个文件而已。有关问题模板的详细说明和示例，请参阅 GitHub 官方文档(http://mng.bz/deJw)。与编写文档一样，我鼓励你在提交问题时考虑用户的目标，并为每个不同的目标创建一个问题类型。这样做能引导用户获得正确的体验，当他们感到沮丧、困惑或两者兼而有之时，这将大有裨益。

　　GitHub 提供的大多社区功能已经在本章和本书前面的章节中讲

解过，要深入了解可直接查阅官方文档(https://docs.github.com/en/communities)。

11.6　吾将上下而求索

阅读至此，说明你已经在成功开发 Python 软件包项目和社区的道路上历经磨砺。或许你也选择性地跳过了很多章节，需要回过头来重新温习。

至此，我已经把我能想到的所有经验都倾囊相授，但这并不意味着这就是要学习的全部内容。Python 打包生态系统仍在以惊人的方式发展，我很乐意与你保持长期的交流。如果遇到什么问题，需要建议，或者只是想展示一下自己的成果，都可以在 GitHub 问题或讨论中@我(@daneah)。我会酌情为你指点迷津或加油打气。在此之前，谨祝你编码愉快！

11.7　小结

- 社区要配备一个漏斗。在建立社区的过程中，要尽可能让漏斗口更宽，并通过完善的文档和问题管理体系为漏斗各层次的不同用户提供必要的支持。
- 采用系统和结构将有助于社区的建设，让成员清楚自己应该期待什么。你也是如此。
- 社区的核心功能在于沟通。沟通项目愿景、状态和需求，沟通决策，沟通进度，沟通更改。
- 你已经是一位出色的观众了，应该走出去为自己和社区做点实事了。

安装asdf和python–launcher

践行本书实例需要管理多个 Python 版本、安装虚拟环境以及在这些环境之间切换。本附录详细说明了减轻此负担所需工具的安装方法。

> **重点：**
> 本附录中推荐的工具能方便人们在 macOS 上更轻松地管理环境，也是我自己用过的。如果你已经非常熟悉如何安装基础 Python 版本和管理虚拟环境，就不需要使用它们。如果使用的是 Windows 或 Linux 系统，则可能需要安装额外的依赖项才能使用这些工具，因此你可能希望或需要考虑下面的一些替代方案。为了保持本书的简洁和连贯性，示例中将会使用这些工具，因此请务必通读本附录，以便更好地理解各章中的示例。最后，如果想不依赖任何其他工具或生态系统来学习本书，则可以手动安装 Python 版本，手动创建虚拟环境，并手动激活它们。
>
> 根据我的使用经验，以下是我推荐的用于基础 Python 版本管理的 asdf 替代方案，按优先顺序排列：
>
> (1) 适用于 Windows 用户的 pyenv(https://github.com/pyenv/pyenv) 或 pyenv-win(https://pyenv-win.github.io/pyenv-win)。

(2) 直接从源代码安装或为平台预构建二进制文件(https://www.python.org/downloads/)。

(3) Homebrew(https://brew.sh/)或平台的官方系统软件包管理器。

除了 python-launcher 和 venv，根据我的使用经验，推荐以下虚拟环境管理工具：

(1) pyenv-virtualenv(https://github.com/pyenv/pyenv-virtualenv)

(2) poetry(https://python-poetry.org/)

(3) virtualenv(https://virtualenv.pypa.io/en/latest/)和 virtualenvwrapper (http://mng.bz/rndy)，增加管理的便利性

(4) pipenv (https://github.com/pypa/pipenv)

在本书中出现 py 命令的地方，除非另有说明，否则应将其视为需要激活项目的虚拟环境，或确保正在使用与项目相关的 Python 命令。

A.1 安装 asdf

asdf(https://github.com/asdf-vm/asdf)是一个用于安装多种语言、框架和工具版本，并在它们之间切换的工具。虽然也可以从源代码安装 Python 的基础版本，或者为操作系统安装预构建的二进制文件，但使用 asdf 可以很好地管理已安装的版本和每个目录的配置。除 Python 外，它还能跨其他语言和框架(如 NodeJS、Ruby 等)进行安装。

接下来，将使用 asdf 安装多个 Python 基础版本，并为项目创建隔离环境。可以在 macOS、Linux 或 Linux 的 Windows 子系统上使用 asdf。

注意：为方便起见，我们提供了以下说明，以便你能顺利地继续阅读本书。你也可以查看 asdf 的官方入门文档(https://asdf-vm.com/guide/getting-started.html)，看看是否有任何更改。

要安装 asdf，首先要确定最新的版本(https://github.com/asdf-vm/asdf/tags)。然后，将该版本对应的分支复制到$HOME/.asdf/目录

中。例如，如果最新发行版本是 v1.2.3，则需要运行以下命令：

```
$ git clone \
    https:/ /github.com/asdf-vm/asdf.git \    ←——  GitHub 上的
    $HOME/.asdf \                    ←——              asdf 仓库
    --branch v1.2.3  ←——                    复制代码的目的地
                          ←——
                              要使用的代码版本
```

复制代码后，需在 shell 启动时将其导入。对于默认 shell 为 zsh 的 macOS，应在$HOME/.zshrc 中添加以下几行代码。对于 bash，则应将它们添加到$HOME/.bash_profile：

```
if [ -f $HOME/.asdf/asdf.sh ]; then
    source $HOME/.asdf/asdf.sh
fi
```

保存启动文件后，打开一个新的 shell 会话。使用以下命令验证 asdf 是否已正确安装：

```
$ asdf --version
```

之后应该会看到一个与复制仓库时签出的分支相匹配的版本。现在已经安装完 asdf，使用以下命令安装 Python 插件：

```
$ asdf plugin add python
```

这将使插件立即可用。验证插件是否正常工作，并使用以下命令查看哪些 Python 版本可用：

```
$ asdf list all python
```

此时会显示几百个版本，包括 PyPy、Anaconda 和其他版本。向上滚动到只有编号而没有名称的版本——这些是标准的 CPython 实现版本。

接着要在最近的 3 个 Python 版本上测试项目，因此接下来要安装这些版本。例如，如果 Python 的最新版本是 3.11.X，则应安装以下版本的最新修订版：

- `3.11.X`；
- `3.10.Y`；
- `3.9.Z`。

可以使用以下命令用 asdf 安装这些版本，将版本替换为想安装的版本：

```
$ asdf install python 3.11.X
$ asdf install python 3.10.Y
$ asdf install python 3.9.Z
```

警告：

在 macOS Big Sur 及更高版本中，安装旧版本的 Python 时可能会出现问题。如果在尝试安装 Python 时遇到编译错误，可以使用以下方法为 Python 打补丁：

指示 asdf 在编译前对
Python 代码打补丁

```
ASDF_PYTHON_PATCH_URL=\
"https:/ /github.com/python/cpython/commit/
➥ 8ea6353.patch?full_index=1" \
asdf install python 3.11.X
```

这个特定的补丁能够
修复 macOS Big Sur
上常见的编译问题

如果遇到其他问题，可以随时查看 Python 插件的文档以获取更多帮助(https://github.com/danhper/asdf-python)。

安装好所需的 Python 版本后，可以使用以下命令列出所有已安装的版本：

```
$ asdf list python
```

应该会显示类似下面的输出——根据安装的版本而略有不同：

```
3.11.X
3.10.Y
3.9.Z
```

最后，使用以下命令在$PATH 中添加所有已安装的 Python 版本，并根据需要替换版本：

```
$ asdf global python 3.11.X 3.10.Y 3.9.Z
```

这将创建一个$HOME/.tool-versions 文件，内容与下面类似：

```
python 3.11.X 3.10.X 3.9.X
```

在指定多个版本后，这些版本将在系统的任何位置默认使用，这在 A.2 节安装 python-launcher 后非常有用。还可以在项目根目录下使用 asdf local Python 来创建一个特定于该项目的.tool-versions 文件，从而限制特定项目中可用的 Python 版本。

在验证配置前，应启动一个新的 shell 会话并调用 Python 命令。这将启动你传给 asdf global Python 的第一个 Python 版本的解释器，因为该版本具有最高优先级。也可以从任何已安装的版本启动解释器。例如，安装的是 Python 3.9，就可以调用 python 3.9 命令来启动 Python 3.9 解释器。

A.2　安装 python-launcher

使用 asdf 来管理不同版本的 Python 并不难，但当需要为不同的项目创建环境时，就可能需要额外的工具。python-launcher (https://github.com/brettcannon/python-launcher)是一个方便的工具，可以在正确的时间启动正确的 Python。使用 python-launcher，便可以根据当前工作目录或虚拟环境目录的具体情况，用单个命令 py 来调用想要使用的 Python。这可以大大节省时间，因为不需要不断地激活和停用虚拟环境。本书中的示例将使用 python-launcher 执行大多数操作。

> **警告：**
> 如果是 Windows 用户，则不需要自行安装 python-launcher。自 2012 年起，在安装Python时 Windows 会自动包含该工具(http://mng.bz/VypG)。

而基于 Unix 的系统，python-launcher 未来可能会被纳入 Python 内核，但截至本书撰写时，具体计划尚未公布。不过，跨平台的一致性对于使用 Windows 和 Unix 平台的用户是一大利好。

安装 python-launcher 时，可以使用平台的系统包管理器(https://github.com/brettcannon/python-launcher#installation)。

手动安装 python-launcher

如果平台上没有 python-launcher 软件包，或者想进行更精细的控制，可以使用 Rust(https://www.rust-lang.org)手动安装。截至本书撰写时，推荐使用以下命令安装 Rust(最新安装说明请参阅 *Install Rust*，https://www.rust-lang.org/tools/install)：

```
$ curl --proto '=https' --tlsv1.2 -sSf https:/ /sh.rustup.rs
| sh
```

安装好 Rust 后，可使用 Rust 的 cargo 工具，用以下命令安装 python-launcher：

```
$ cargo install python-launcher
```

现在，便可以启动一个新的 shell 会话，并使用以下命令列出 python-launcher 识别的所有 Python 版本，从而验证安装情况：

```
$ py --list
```

此时应该会显示类似下面的输出，根据操作系统和安装的版本会略有不同：

```
3.10  |  /Users/<you>/.asdf/shims/python3.10
3.9   |  /Users/<you>/.asdf/shims/python3.9
3.8   |  /Users/<you>/.asdf/shims/python3.8
3.7   |  /Users/<you>/.asdf/shims/python3.7
2.7   |  /usr/bin/python2.7
```

注意，这些版本中的大多数都提到了 asdf，可以通过 asdf global Python 命令来使用它们。但也有一个版本指向了另一个位置——那

就是系统自带的 Python。asdf 通过与 shell 的$PATH 变量交互，实现
了对 Python 命令解析位置的切换。

　　默认情况下，python-launcher 会使用它能找到的最高版本的
Python。例如，如果安装了 Python 3.10、3.9 和 3.8，python-launcher
默认会优先使用 Python 3.10。还可以使用 python-launcher 的版本标
志来控制 Python 的基础版本。例如，安装了 Python 3.9，那么在调
用 py 命令时，可以使用-3.9 标志来启动 Python 3.9 解释器。

> **练习 A.1**
>
> 　　如果使用 asdf 安装了 Python 3.10、3.9 和 3.8，并运行 asdf global
> Python 3.9 3.8，下面的命令会返回哪个版本？
>
> ```
> $ py -V
> ```

练习 A.1 的答案

　　A.1　除非使用 asdf 进行配置，否则返回 3.9，因为 3.10 不在$PATH
中，因此 python-launcher 不会识别它，并认为 3.9 是最高版本。

附录 ***B***

安装pipx、build、tox、pre-commit和cookiecutter

本书频繁地使用了一些工具，而且最终会在多个项目中用到它们。本附录将介绍这些工具的安装，书中有对这些工具的详细讲解。这些工具的安装命令几乎可以在系统的任何位置运行。

B.1　安装 pipx

有几个工具是以 Python 软件包的形式提供的，但由于这些工具是通用的，因此不必在每个项目中都安装它们。pipx (https://github.com/pypa/pipx/)是一个在隔离环境中运行其他 Python 工具的管理工具，其灵感来自 JavaScript 世界的 npx(https://docs. npmjs.com/cli/v8/commands/npx)。接下来将使用 pipx 安装一些通用工具，还可以用它来安装未来可能需要的其他"全系统"工具。

使用以下命令安装 pipx，可选择所需的 Python 基础版本：

```
$ py -3.10 -m pip install pipx
```

安装完成后，重新启动 shell 会话，以确保软件包提供的 pipx
命令在$PATH 中可用。

> **安装 pipx，使 pipx 能够管理 pipx 本身**
> pipx 的作用是隔离工具的安装环境，但其本身不会被隔离。可以
> 使用 pipx-in-pipx 项目(https://github.com/mattsb42-meta/pipx-in-pipx)安
> 装 pipx，这样 pipx 本身也是隔离的。pipx 还能管理自己的版本升级
> 等。为此，一定要安装 pipx-in-pipx 而非 pipx。文档中提到了一些模
> 棱两可的问题，但我个人在使用过程中还没有遇到过任何实质性的
> 问题。

B.2   安装 build

build(https://github.com/pypa/build)是 Python Packaging Authority
(PyPA)提供的用于构建 Python 软件包的工具。如果最终可能想用它
来构建多个不同的软件包，就可以用 pipx 安装它，以便在任何需要
的地方使用它。在本书的学习过程中，将始终使用 build 来构建开发
的 Python 软件包。因此可以使用以下命令安装 build：

```
$ pipx install build
```

之后，会显示类似下面的输出，表明 pyproject-build 应用程序
已经安装：

```
installed package build 0.4.0, Python 3.10.0
  These apps are now globally available
    - pyproject-build
done! ✨ 🌟 ✨
```

要验证配置，可运行以下命令：

```
$ pyproject-build --version
```

版本应与 pipx install 命令输出中的版本一致。

B.3 安装 tox

tox(https://tox.wiki/en/latest/)是 Python 项目的测试和任务管理工具。可使用以下命令安装 tox：

```
$ pipx install tox
```

会显示与下面类似的输出：

```
installed package tox 3.23.1, Python 3.10.0
  These apps are now globally available
    - tox
    - tox-quickstart
done! 🌟 🌟 🌟
```

要验证配置，请运行以下命令：

```
$ tox --version
```

版本应与 pipx install 命令输出中的版本一致。

B.4 安装 pre-commit

pre-commit(https://pre-commit.com)是一个管理和执行 Git 仓库预提交钩子的工具。可使用以下命令安装 pre-commit：

```
$ pipx install pre-commit
```

应该会显示类似下面的输出：

```
installed package pre-commit 2.17.0, Python 3.10.0
  These apps are now globally available
    - pre-commit
    - pre-commit-validate-config
```

```
  - pre-commit-validate-manifest
done! ✤ ✤ ✤
```

要验证配置，可运行以下命令：

```
$ pre-commit --version
```

版本应与 pipx install 命令输出中的版本一致。

B.5　安装 cookiecutter

cookiecutter(https://cookiecutter.readthedocs.io) 是一个从项目模板创建项目的工具。可使用以下命令安装 cookiecutter：

```
$ pipx install cookiecutter
```

应该会显示类似下面的输出：

```
installed package cookiecutter 1.7.3, Python 3.10.0
  These apps are now globally available
    - cookiecutter
done! ✤ ✤ ✤
```

要验证配置，可运行以下命令：

```
$ cookiecutter --version
```

版本应与 pipx install 命令输出中的版本一致。